生命的舞者：
解密动物学

[俄] 亚·米·尼科尔斯基　著

王梓　译

中国青年出版社

图书在版编目（CIP）数据

生命的舞者：解密动物学 /（俄罗斯）亚·米·尼
科尔斯基著；王梓译. — 北京：中国青年出版社，
2025. 1. — ISBN 978 – 7 – 5153 – 7478 – 9

Ⅰ. Q95–49

中国国家版本馆 CIP 数据核字第 20242H6A70 号

责任编辑：彭岩
出版发行：中国青年出版社
社　　址：北京市东城区东四十二条 21 号
网　　址：www.cyp.com.cn
编辑中心：010 – 57350407
营销中心：010 – 57350370
经　　销：新华书店
印　　刷：三河市君旺印务有限公司
规　　格：660mm × 970mm　1/16
印　　张：11
字　　数：153 千字
版　　次：2025 年 1 月北京第 1 版
印　　次：2025 年 1 月河北第 1 次印刷
定　　价：58.00 元

如有印装质量问题，请凭购书发票与质检部联系调换
联系电话：010 – 57350337

前言

　　《解密动物学》的"动物学"是最广泛意义上的动物学：作者用这个词涵盖了关于动物的各种知识，不仅包括动物的身体构造和生活方式，还包括器官的细胞增殖、卵的发育等。当然，人也属于动物王国，所以在书中也提了几笔，主要写的是生理学，即人体的器官机能，但仅涉及与动物具有共性的知识。所谓"趣味"主要包括两个方面：一是作者在介绍动物生活的知识时，建议读者在自然界或室内（饲养箱或水族箱）进行观察，以检验这些知识的正确性；二是作者为这些观察赋予了实践的性质，且书中描述的多数事实都附有建议，可指导读者对自然界中的动物进行相关实践。换言之，这里的"趣味"可以理解为"伴随着某种实践"。不过，并不是书中所有知识都能实践操作。有些知识被收入本书仅仅是因为其内容十分特别。在作者看来，这些知识本身就富于趣味，能自然而然地引发读者的兴趣。那么这里的"趣味"就指"有意思、好玩"。所以这本书中的知识就像万花筒那样五彩纷呈，很难系统归纳，但作者以为，这种繁杂并不会减少《解密动物学》的趣味性，至于趣味性究竟如何，就由读者自己来判断吧。

亚·米·尼科尔斯基

目录

1.出于无聊

————

　　有位科学家曾出于"无聊"，拿起纸笔坐到窗前，记录下路过的马的特征。记下有多少匹马四条腿全是杂色的，也就是没有白毛；有多少匹马一条或几条腿的蹄子附近长着白毛，是前腿还是后腿。如果前后腿的末端都有白毛，是哪双腿的白毛位置更高。

　　这个问题乍一看可能没什么意义，但如果你也能收集到足够的材料并加以总结，便会得出以下结论：白腿马约占全部马的一半，起码不少于三分之一。如果白腿有一条或两条，这大多是后腿；如果白腿有三条，其中必定有两条后腿。后腿的白毛通常比前腿的要高。

　　为了让这奇怪的统计不至于白白浪费，我们来寻找这种规律背后的原因吧。把动物的杂毛弄掉，原本的部位便会长出白毛。白毛不一定在初次掉毛后就会出现，但如果同一个部位反复掉毛，白毛最终还是会长出来。白毛从某种程度上讲是"有缺陷"的毛，因为其中缺少色素。马最容易磨掉的是腿下部的毛，所以那儿最先长出白毛。当马在地上行走时，马腿会与各种物体摩擦，而黏稠的泥巴也会加速毛的磨损。后腿白毛的生长速度比前腿要快，因为马看得见前方，前腿可以选择要踩哪儿，而后腿只能走到哪儿踩到哪儿，更容易被沿路散布的石块或其他物体把毛磨掉。当马站在地上时，前腿是与地面垂直的，而后腿与地面之间有一定的角度；因此与前腿相比，后腿有更多部位遭到地表物体的摩擦；正是这个缘故，后腿上的白毛能长到更高的位置。

　　马的额头正中也常有白斑，它恰好生在马毛呈放射状向四周散开的中心点上。这儿的毛最容易遭到马颈套上的金属片的撞击，所以比别处的毛磨损得要快。

类似的腿毛褪色规律也能在其他动物身上观察到，特别是猫和狗最明显。猫后腿的白毛通常比前腿的多，因为猫的后腿常常斜靠在地上。猎犬脖子周围受到项圈的摩擦，所以长出了白毛。它们的胸脯上也常有白毛，是胸脯与草地摩擦的缘故。黑胸的白狗或花狗就跟胸口有白斑的马一样难找。母牛的白毛除了腿上，还很容易出现在身体两侧的凸出部，以及额头和乳房上。

鹅身上的白毛也体现出了某种规律。我们的家鹅的祖先都是灰色的，但现在的家鹅也有杂色的和纯白色的。白毛一般出现在胸口和脖子附近，因为这些部位最容易磨到水里伸出的杂草。灰毛在背部和头部保留得最久，而头部的白毛常常出现在鹅嘴周围——这显然是因为鹅用嘴挖水底的淤泥或吃草，这个过程中鹅嘴最容易受到摩擦。

2.活气压计

────

　　气压计从结构上看可分为两类。水银气压计通过水银柱的高度来判断气压。金属盒气压计的结构原理如下：取一个四面封闭的盒子或螺旋的管子，并将内部的空气抽掉，盒子的一面具有弹性而容易变形，那么当气压变大时，这个面会凹陷，管子卷起；当气压变小时，这个面会凸出，管子松开，最后通过与水银气压计的比较标出刻度。

　　许多动物的体内有着货真价实的"气压计"，其构造与金属盒气压计相似，所以这些动物对气压的变化非常敏感。在这方面表现最突出的是哺乳动物，其中也包括人类。这些动物的体内有很多全封闭的空腔，其中的压力或是比气压大，或是比气压小。举例来说，胸腔内的压力就比气压小。如果在尸体的胸腔壁上打个小洞，外头的空气就会流进去，肺也会下垂。相反，腹腔内的压力比气压大。如果在腹腔壁上打个小洞，肠子便会在内压的作用下流到外面。骨头内部是中空的，呈管状，骨的大头之所以能固定在相应的骨窝中，部分原因也是由于气压的作用，这在大腿骨上体现得特别明显。如果在尸体的大腿骨所在的骨盆窝上打个小洞，外头的空气流进去，大腿骨的大头便会从骨窝中弹出来。

　　想象体内有"气压计"的动物爬山的情景。随着高度的增加，气压随之下降，身体的机能便遭到破坏。在内压的作用下，腹腔壁开始变得越来越鼓，骨与骨窝之间的接合也不那么稳固了；骨头会产生从骨窝中脱落的趋势。肌体只得靠各种手段来适应这种变化，补偿不足的那部分气压。唯一的办法就是收缩对应部位的肌肉。腹腔壁的肌肉收缩，令内脏保持在原位。支撑骨的肌肉也开始加强工作。这样一来，山上的哺乳动物就必须花费多余的力量，而在谷地里活动是不需要的。因此，动物在山上比在山下更容易疲劳。要是气压变得非常小，令身体无法适应，器官的机能便会紊乱，最终导致动物死亡。从欧洲运到南美安第斯山的猫因承受不了稀薄的空气而纷纷死亡。狗适应低压的能力比猫强，但也不能再胜任捕猎的工作，因为没跑多久就累了。当普勒热瓦尔斯基①的探险队翻越青藏高原的山口时，队里的骆驼大批倒毙。在早期，气球飞行员中也有因气球飞得太高而死亡的例子。

我们知道，同一高度上的气压也可能发生变化。气压的变化往往伴随着天气的变化；当气压上升时，天气也随之变好。许多动物的体内都有"气压计"，因此它们能预感到天气的变化，这也就不足为怪了。风暴来袭前，气压会急剧下降，某些动物便会焦躁不安：鸡在院子里四处乱跑，母牛哞哞直叫，燕子惊慌地贴着地面飞来飞去。人们甚至把林蛙拿来当气压计使用。下雨前林蛙通常会大声鸣叫，尽管它的预报有时也会出错。其实，有时连人都能对同一高度上的气压变化有所感觉，特别是那些神经敏感或带有旧伤的人。旧伤在坏天气里会隐隐作痛，人也会觉得有点儿不舒服。小孩子对微小的气压变化非常敏感。他们碰到坏天气便开始耍小脾气，所以遇到这种情况的医生最好先检查下气压计，看看是不是低压造成了孩子的小脾气。

---

① 尼古拉·米哈伊洛维奇·普勒热瓦尔斯基（1839～1888），俄罗斯旅行家、博物学家。

3.为什么动物不会哭也不会笑？

————

　　动物身上没有哪个自然机能是毫无作用的。要是动物打了个喷嚏，那就说明它鼻子里进东西了，刺激到鼻腔黏膜，于是靠打喷嚏把刺激物排出去；动物通过咳嗽排出咽喉里的异物；诸如此类。而哭和笑有什么用呢？动物不会哭也不会笑，只有狗能微笑，但也不能发出真正的大笑。当然也有不少动物在受到刺激时能排出眼泪，但这跟哭完全是两码事。

　　哭和笑是人特有的能力，因此其来源和功能必须在人与动物区别最显著的身体机能中寻找，也就是在心理或精神活动的领域。人会伤心痛哭或喜极而泣，也就是在神经系统受到强烈刺激时哭泣。这种刺激导致肌体受到剧烈的震撼，有时甚至足以致命。我们知道，极度的痛苦和快乐都可能导致死亡。哭是一种排遣过量刺激的手段。要防止大坝被汹涌的洪水冲垮，最好的办法就是将一部分水泄流。同理，要防止太强的神经刺激对肌体造成不良影响，最好的办法就是把部分神经刺激转移到某种物理活动上。物理疼痛导致的多余神经刺激会引发身体的抽搐或尖叫。而深沉的痛苦是一种精神上的疼痛。正如尖叫能减轻物理疼痛，哭泣也能缓和痛苦。众所周知，痛苦可以通过眼泪得到宣泄。哭泣的本质是面部肌肉收缩，令人做出哭的表情，同时血液也流向面部，所以人哭泣时脸会涨得通红。血液还会流向眼睛，使得眼球的内压增加。为了对抗这种压力，哭泣的人便不由自主地想闭上眼睛。多余的血液流入泪腺，加强了眼泪的分泌。这些变化都是发泄强烈痛苦所产生的神经能量的手段，由此减轻痛苦的感受。

　　笑也具有完全相同的作用。快乐和痛苦一样，也会令神经受到震撼，但过量的刺激甚至可能导致猝死。排遣这种过量刺激的手段就是笑。笑和哭很像：笑声与哭声有时很难区分；人大笑和大哭时都会流眼泪。只不过大笑时收缩的面部肌肉与哭不同，所以笑的面部表情才和哭不同。动物之所以不会哭也不会笑，原因就是动物的心理与人类的心理相比，还处于很低的发展水平，既体会不到太强的痛苦，也感受不到太强的快乐，而且这种心理绝不会表现得和人一样强烈。在动物身上，物理疼痛造成的多余刺激表现为尖叫和身体抽搐。

4.天然的刷子

———

在手上抹点猫喜欢舔的东西，比如牛奶或肉汁，然后让猫舔一舔。你会发现，猫的舌头像粗硬的刷子一样刮擦着你的手。猫舌头的上表面长满了又尖又硬的小刺，它们起着刷子的作用。猫用这样的刷子来清理自己的皮毛。我们知道，猫是一种特别爱干净的动物。它一天要洗十多次脸，且能靠舌头清理几乎全身的皮毛。只有脑袋是舌头舔不到的，但猫也找到了清理的办法。它先把唾液涂在爪子上，再用爪子摩擦头上的毛。猫的爱干净还表现在它总是把自己的大小便埋起来。

爱干净是所有猫科动物都有的特征，这与它们捕捉猎物的方式有关。猫和狼不一样，它不追捕猎物，而是伏击猎物，这就得等猎物进入自己的跳跃范围。因此，猫必须具备尽可能久地保持隐蔽的能力。为此猫发展出了拟态的毛色，也就是与环境相似的颜色，而爱干净也是出于这个目的。要是猫没有那么爱干净的话，它就不可能在那么小的跳跃范围内还不被发现。如果猎物靠气味觉察到猎手，便一定会逃之夭夭了。而像老虎这样的大型猫科动物，它们舌头上的毛刺特别刚硬，甚至能舔掉人的皮肤。

5.为什么小动物要做游戏?

———

　　小动物爱做游戏是动物界的一种普遍现象，由此可见，游戏在动物的生活中具有某种意义。小猫、小狗、小猪、小熊，甚至小牛和小马都会做游戏；就连那些根本不适合做游戏的动物，比如海豹、海狮乃至蚂蚁，都会进行一些玩耍式的打闹，它们相互咬来咬去，实际上却毫无恶意，完全是为了玩耍。特别爱玩耍的是那些成年后需要搏斗或依靠力量的动物——这里指的是年幼的猫科动物或犬科动物。

　　小动物为什么要做游戏呢? 只要仔细观察小猫、小狗玩耍的样子，很快就会猜出其中的奥秘。用绳子在地板上拖一张纸片，小猫躲在椅子腿后，等着纸片进入跳跃范围，然后一跃而起抓住了纸片。它所进行的动作正是猫捉老鼠的动作。小猫还喜欢相互打闹，进行玩耍式的打斗。在这些游戏中，猫儿锻炼了成年后的重要行动，也就是说，它们只不过是在学习捕猎和搏斗的本领。小狗喜欢跟破布玩耍，把破布在院子里拖来拖去，还摇晃着脑袋；如果两只小狗咬住了同一条布，就会朝着不同的方向拉扯。它们是在学习捕捉猎物并把猎物撕碎的本领。小狗也喜欢相互打闹，进行玩耍式的打斗。简而言之，游戏是它们的锻炼方式，也是在为日后的独立生活做准备。

　　小动物做游戏时自然想不到这是在为独立生活做准备；它们玩耍只是因为游戏能给它们带来快乐，但这丝毫不会改变游戏的作用。在这个例子中，大自然采取了最惯用的手段。当大自然想让动物做出某种行为时，它就会让这种行为给动物带来快感。要是吃东西的过程不能带来快感，动物大概就不会吃东西了。对游戏的爱好也和其他有益的适应一样，都是通过自然选择发展起来的。具体来说，那些从小就更喜欢玩游戏且玩得尽兴的

小狗做游戏。

动物，面对成年后生存斗争的舞台就准备得更充分，更容易成为生存斗争的胜利者，其留下的后代也继承了父母对游戏的爱好。

人类儿童的游戏也有着相同的作用和起源。女孩子喜欢玩洋娃娃，这是在为日后照顾真正的娃娃做准备。男孩子的游戏大多具有体育运动的性质，也就是力量、敏捷和技巧方面的竞赛。

人类儿童的某些游戏具有返祖的性质，也就是说，这些游戏包含的行为在今天并无任何好处，但在人类还处于野人状态的从前却大有作用。举个例子，小孩儿都喜欢爬树，连女孩子也不例外。如今爬树并不能带来什么明显的好处，但从前这可是能逃脱猛兽追捕的本事。从这个角度看，小孩儿就像是山羊，山羊非常爱登高，就好像是还记得自己是从山里来的。孩子们还喜欢玩捉迷藏。就如今而言，擅长躲避并不是什么大不了的本事，但在以前，这能让人类避开许多敌人的威胁。

6.为什么狗觉得热时会伸出舌头？

在俄罗斯南部，有一种利用水在夏天里实现自动冷却的水罐。这种罐子是用透水的多孔黏土做成的。水一点点地渗透到罐子表面，要是把罐子挂在通风的地方，上面的水便会迅速蒸发。水蒸发掉，又有新的水来补充，而新的水也会蒸发，每次蒸发都会吸收热量，令周围的环境和沾满了蒸发液体的物体的温度下降。如果用抹布包住温度计的小球，再让抹布浸透某种液体——最好是蒸发速度快的液体，比如汽油或酒精，温度计的读数便会急剧下降。

哺乳动物的身体与这种罐子非常相似，只不过它们不靠水，而是靠皮肤分泌的汗液。我们知道，汗腺的功能在受热时会加强。皮肤上的汗液会蒸发，而蒸发会使体温下降。多亏有了汗腺，哺乳动物能够忍耐相当高的温度。有些工厂里的工人得在100℃乃至110℃的环境中工作，但水不是在100℃就沸腾了吗？这看似完全不可能，却是毋庸置疑的事实。当然，即便如此，人在这样的高温下也坚持不了很久，并且人所在房间里的空气必须干燥，因为汗液只有在干燥的空气中才蒸发得足够快，进而达到充分的降温效果。只要往高温的房间里通入点水蒸气，人就会被活活煮熟。汗腺的上述功能告诉我们，为什么人在干燥的天气下比在潮湿的环境中更能忍受同等的酷热。而我们的家畜中只有狗的汗腺发育不足，所以狗不能用上述方法给身体散热，只好采用另一种办法。当狗觉得热时，它便张开嘴巴，伸出舌头，开始不用鼻子而用嘴巴呼吸。在这个过程中，它会分泌出大量的唾液，覆盖住整条舌头和整个口腔。空气通过口腔进入肺部，加强了唾液的蒸发；而唾液的蒸发又降低了空气的温度，如此进入肺部的便是冷却的空气，这又促进了体温的下降。这样看来，狗是用唾液代替了汗液的作用。

　　鸟类和爬行类也没有汗腺，它们散热的办法也和狗一样。乌鸦在大热天里会把嘴张得大大的，鸡和蜥蜴也是如此。

7. 小个子，大表面

————

　　动物学中有一条法则：随着器官的发育，其表面积也在增大。这条法则的原理是：随着器官表面积的增大，其工作能力也得到了提高。蝾螈的肺是袋状的，外壁很薄，且袋子的内表面非常光滑，所以肺的呼吸表面积就相当于这些袋子的内表面积。青蛙的肺也是袋状的，但它的内表面上布满了网眼。要是把这些网眼状的部位铺在桌子上拼在一起，拼出的面积就比没有网眼的情况下要大得多了。在具有这种构造的肺中，吸入的空气能与更多的血液接触，因此呼吸能力更强。蜥蜴肺里的网眼比青蛙的要深，所以它的呼吸表面积相对更大。鸟肺的呼吸表面积更大，因为鸟肺的构造就像一块管道密布的海绵，管道的外壁上又分布着网眼。哺乳动物的肺是一束管道的集合，这些管道越变越细，最细的管道接近肺的表面，末端连接着肺泡，而肺泡的内表面又是网眼。空气里的氧气便是在这些肺泡中同血液结合的。要是把肺泡都铺开来拼在一起，拼出的面积大得叫人难以置信。人的两片肺叶中约有 1750 个这样的肺泡，其表面积合起来足足有 200 平方米，而整个人体的表面积还不到 5 平方米。

　　要是我们试着算一下红细胞的表面积，还能得到更加惊人的数字呢。众所周知，红细胞吸收肺部的氧气，将氧气送到全身各个部位。红细胞的表面积越大，气体交换（即呼吸）的强度就越大。因此，随着动物组织形式的完善，其体内红细胞的数量和总表面积也在增加。成年人每立方毫米血液中共有约 500 万个红细胞，而人体内的血液总量平均为 4 ～ 5 升，每个红细胞的表面积约为 140 平方微米，由此推算，所有红细胞的总表面积大约有 3000 平方米，要是有一块这么大的土地，就可以造出一座不错的花园了。

8.为什么小动物比大动物更怕冷?

——

我们从生活经验中得知,小孩子比大人更怕冷,所以要给他们穿得暖暖的。这并不是因为小孩子的身体机能有什么特点,而只是由于他们个头儿小。动物的身体越小,就越难对抗寒冷。这种现象可以说纯粹是几何因素造成的。肌体制造的热量取决于身体的大小:身体越大,体内的热量就越多。而辐射到外部空间的热量则取决于身体的表面积。表面积越大,身体就冷却得越快。体积呈立方式增长,而面积呈平方式增长。因此在动物的生长过程中,体积的增长速度要大于表面积的增长速度。设想有个边长1米的立方体,其表面积为6平方米。假设这个立方体的边长增加到2米,则每个面增加到4平方米,六个面合起来就是24平方米;这样一来,其表面积扩大到了4倍。而原来的立方体的体积为1立方米,当每条边增加到2倍时,其体积会增加到8立方米(体积等于底面积乘以高),也就是扩大到了8倍。由此看来,当立方体的表面积仅仅扩大到4倍时,其体积已经扩大到了8倍。

因此,大动物的体积与表面积之比更大,表面积与体积之比更小。也就是说,大动物的身体能产生更多的热量,往外部辐射出更少的热量。相反,小动物的体积更小,表面积与体积之比却更大。它们的身体产生的热量较少,辐射到外部的热量却很多。这样看来,温血动物长小个子是很不合适的。不过,大自然也有办法对这种缺陷进行一定的补偿。它赋予小动物更保暖的毛皮,确切地说是更能防止身体辐射热量的毛皮。举个例子,北方的鹿的毛发长度远远小于身体的横截面直径,而有一种长得很像小老鼠的"旅鼠",也生活在相似的气候条件下,它的毛发长度几乎和身体的横截面直径一样。渡鸦的羽毛长度比身体的横截面直径小得多，而在俄罗斯过冬的山雀呢，每根羽毛都比身体的横截面直径要长。到了冬天，特别是当它竖起全身的羽毛时，山雀看上去就像个毛茸茸的小球儿，只有尾巴露在外面。

9.动物是怎么改变毛色的？

——

　　许多动物的毛色在冬天时与夏天时不同。举个例子，有些松鼠的毛冬天是灰色的，夏天则是红褐色的。德国学者舒尔茨[1]产生了一个想法：寒冷会不会让毛皮产生某种特定的颜色呢？为了检验这个推测是否正确，他用兔子做了一系列实验。这些实验你自己也能做。首先他拔掉白兔身上一块斑点状的白毛，再把这只兔子养在温暖的房间里。长出来的还是跟原来一样的白毛。然后他在这只兔子身上拔掉另一部分毛，并把它养在寒冷的房间里。这回被拔毛的部位长出了黑毛。他拔掉了一只兔子大腿上所有的毛，而大腿的皮肤上有几条褶皱。每条褶皱的凹陷处常常会被相邻的两条褶皱盖住，所以不受寒冷的影响。因此这个部位长出了白毛，而没有被相邻的皮肤覆盖的位置则长出了黑毛，结果在大腿上形成了规整的白底黑纹，这在兔子身上可是从来没有的事（见图）。舒尔茨还在另一只兔子的背侧弄出了一个等腰三角形的斑点。

兔子的毛色。

---

① 卡尔·亨利希·舒尔茨（1805～1867），德国植物学家、医学家。

10.鸟是怎么改变毛色的?

————

众所周知，鸟类每年都要换毛，也就是脱掉旧的羽毛，长出新的羽毛。长好的羽毛的颜色就改变不了了，但对于那些换毛后的新羽，是可以用人工方式影响它们的颜色的。你可以用养在笼子里的鸟做个实验。最好的实验对象是赤胸朱顶雀，它长着灰色的羽毛，胸口有一个红点。如果只给赤胸朱顶雀喂亚麻籽和水，不给别的东西，换毛后就会长出黑色的羽毛。我们知道，金丝雀一般是黄色的，但如果喂给它一种特殊的辣椒，换毛后就会长出红色的羽毛。用白鸡做实验还能得到更有趣的结果。若给它们的食物中加点伊红①，也就是普通的红墨水，白鸡换毛后会长出粉红色的羽毛。

————

① 又称四溴荧光素，一种红色的染色剂。

11.蝴蝶是怎么改变颜色的？

————

　　我们知道，蝴蝶的幼虫非常挑食。如果毛毛虫以某种树的叶子为食，它一般就不会去吃其他树的叶子了。但也有几种毛毛虫不算很挑食，会吃几种不同的树叶。对这些不太挑食的毛毛虫来说，树叶的种类会影响日后长成的蝴蝶的颜色。例如有种叫作 *elopia* 的蝴蝶，它的幼虫要是吃了松树的叶子，就会长成浅红色的蝴蝶；要是吃了枞树的叶子，就会长成绿色的蝴蝶；吃了橡树的叶子，会长成正常颜色的蝴蝶；如果吃了榛树的叶子，原本应是灰色的雄蝶就会变成浅黄色，体形也会变小；若是吃了驴豆，这种毛毛虫就会长成颜色非常鲜艳的大蝴蝶。

　　蛹孵化时的温度变化也会影响蝴蝶的颜色。举个例子，西欧有两种蛱蝶（*Vanessa*，见图）：一种叫 *Vanessa prorsa*，另一种叫 *Vanessa levana*。人们曾长期认为这是两个不同的物种，后来才发现其实它们是一种蝴蝶，只不过前者是夏天形态，后者是冬天形态罢了。这两个形态也可以通过人工手段获得：把虫蛹养在温暖的房间里，就能在冬天里孵出夏天形态；养在寒冷的地方，就能在夏天里孵出冬天形态。

a　　　　*b*

蛱蝶：a—冬天形态；b—夏天形态。

12.懂植物学的毛毛虫

———

　　如前所述，毛毛虫（以及大多数以植物为食的昆虫）对食物的选择非常挑剔。纹蛱蝶属的毛毛虫只吃紫罗兰的叶子，而眼蝶属的毛毛虫除了禾本科植物什么都不吃。有种毛毛虫对植物学了如指掌，竟能指出植物学家犯下的错误。这种毛毛虫以多种植物的叶子为食，但只吃茄科植物。可它的食谱里有个令人不解的例外，那就是被植物学家列入玄参科的鸳鸯茉莉。后来，植物学家边沁和胡克[①]对鸳鸯茉莉做了更仔细的研究，才发现它根本不属于玄参科，而属于茄科；毛毛虫对此可是心知肚明，比植物学家清楚多了。

———

[①] 乔治·边沁（1800～1884）、约瑟夫·道尔顿·胡克（1817～1911），均为英国植物学家。

13.昆虫听得见声音吗？

——

螽斯。

如果能解决另一个问题，这个问题也就迎刃而解了：昆虫会交谈吗？换句话说，它们能发出声音吗？如果昆虫是彻头彻尾的哑巴，它们也可能是聋子；但既然它们能吱吱唧唧地叫，还能"唱歌"，那就很清楚了：这些声音并不是制造给旁人欣赏，而是给同种的昆虫听的。这样看来，它们应当有听觉才对。我们都认识一些爱唱歌的昆虫，比如蛐蛐、各种螽斯以及蝉等。这些昆虫都有各种制造声音的手段。蛐蛐和螽斯是靠坚硬的翅膀相互摩擦，或者后腿的锯齿与其摩擦，抑或两腿之间相互摩擦制造声音的；蝉的发声器官的构造原理与一种叫作"手风琴"的乐器的原理相似。蝉从特殊的气囊中压出空气，空气流到外界时令特殊的薄膜振动，便制造出了声音。

我们还可以换个思路来解答这个疑问，那就是寻找昆虫的听觉器官。螽斯和蝗虫身上都能找到一种器官，尽管其构造很奇怪，位置更加古怪，但理应认为是听觉器官。螽斯的听觉器官位于腿部，蝗虫则位于腹

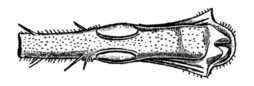

螽斯腿上的鼓膜器。

部——长在腿上的"耳朵"还算什么耳朵呢？你可能要质疑了。然而这可是货真价实的"耳朵"。它是由覆盖着凸起的弹性薄膜的小窝组成的（见图）。这片薄膜会在声音的作用下振动，并刺激位于其下的神经。这种"耳朵"被称为"鼓膜器"。了解这些知识后，你可以拿把小提琴去花园里测试昆虫的听觉。为此需要尽可能地靠近昆虫，然后拉一个高音。螽斯会立刻将触角转向声音的来向，这清晰地表明它听到了声音。尽管它的"耳朵"长在腿上，但触角很可能也能感受到声音。也可以给蝴蝶或蜻蜓拉拉小提琴，你会发现它们丝毫没表现出听到音乐的迹象。再给蝴蝶吹吹小号吧，结果它不理不睬，由此推断，蝴蝶和蜻蜓等是什么都听不到的。

14.蜘蛛听得见声音吗？

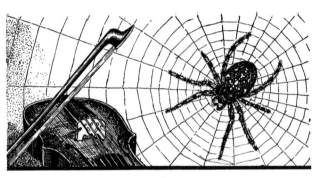

蜘蛛。

　　蜘蛛身上找不到听觉器官，所以通常认为蜘蛛听不见声音。然而，你可以试着在家隅蛛的窝旁拉拉小提琴，便会看到它从窝里钻出来。先拉最高的音，如果它不露面，就拉个低点的音，就这样尝试不同的音，直到它出现为止。不过，有时蜘蛛也可能对所有的音都毫无反应，为什么会这样呢？我们下面还会讲到。一般情况下，蜘蛛会从窝里钻出来，检查下自己的蛛网，很快又躲了回去。这个实验表明蜘蛛似乎是能听得到声音的。但其实并不是这么回事。

　　我们知道，如果房间里有两架立式钢琴或三角钢琴，在其中一台乐器上随便弹个音，比如说第三个八度音的 Do 吧，那么就算你不去碰另一台乐器，它的琴弦也会开始按第三个八度音的 Do 的频率振动，且不仅是振动，还会把这个音奏出来。家隅蛛把网织在房间的角落里，它自己则躲在旁边的抹灰缝里或墙纸后面，并在蛛网和躲藏处之间拉一条"监视丝"。只要有苍蝇撞上蛛网并开始挣扎，蛛网的振动便会顺着"监视丝"传到蜘蛛身边。蜘蛛一感到蛛网的振动，就立刻出发去捕捉猎物。蛛网中有几条和琴弦一样绷紧的"监视丝"。根据上面指出的声音的性质，如果小提琴的声音引发"监视丝"的振动，蜘蛛却以为是有苍蝇撞网了，就会从窝里钻出来。不过，要让蛛网随着小提琴声而振动就有个必要条件：蛛丝能发生的振动频率必须与小提琴拉出某个音时的振动频率相同。有时候，蛛网上没有一根蛛丝跟你的小提琴声相合，蜘蛛也就不会出现了。

15.鱼听得见声音吗？

———

鱼具有货真价实的听觉器官。话是不错，但这个器官只包括了耳朵最关键的部分——内耳（迷路），其基本构造特征与人类的一样。这个迷路中的耳蜗只是雏形阶段，但耳蜗被认为是耳朵负责音乐的部分，也就是用来区分音调的高低。这样看来，我们有理由认为鱼不能区分音调高低，但它们还是能听得到声音的，不然的话还要迷路干吗？

在以前，几乎所有动物学家都是这样想的。但后来有个叫克莱德尔的奥地利动物学家做了研究，证明鱼是完全听不到声音的。很多人都信了克莱德尔，所以连课本上都开始说鱼是什么都听不见的。然而，也有其他动物学家觉得克莱德尔搞错了，因此这个问题便成了"悬案"。要解决这个问题，自然爱好者特别是钓鱼爱好者的工作能派上很大的用场，说不定本书的读者中就会有人去研究呢？克莱德尔的观点基于以下的观察。他往水族箱里放了根金属棍，用琴弓在上面剧烈地拉来拉去，弄出了巨大的噪声。尽管如此，水族箱里的鱼儿却根本没表现出听到声音的迹象，它们继续跟之前一样游动，对声音没有半点反应。不错，如果用棍子敲打水族箱壁，鱼是会受到惊吓，但克莱德尔是这样解释的：棍子敲打引起了水的振动，鱼通过皮肤（也就是触觉器官）感觉到了振动。克莱德尔知道，有些养金鱼的塘主会用铃铛把金鱼从池水深处叫上来喂食。因此他检验了一下金鱼是不是真的听到铃声才游来的。事实表明，它们只有看到喂食的人才会游过来。要是偷偷地靠近池塘，不要让金鱼看见，那么不管什么铃声都没法让它们从深处游出来。

克莱德尔根据这些观察得出"鱼完全听不到声音"的结论。既然如此，

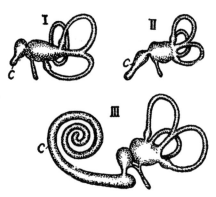

内耳迷路。I.鱼类；II.鸟类；III.人类。C.耳蜗。半规管画在每幅小图的右侧。

就得再回答一个问题：人类身上的迷路无疑是听觉器官，要是鱼果真听不到声音，它还要迷路这个器官做什么？对此克莱德尔也做了回答。人们早就知道，迷路除了充当听觉器官还有另一个作用。这个次要用途是由迷路上的三条管道来负责的（见图）。这些管道呈半环形，所以叫作"半规管"。它们位于三个相互垂直的平面上。其中一个位于垂直面上，与动物身体的横轴平行，第二个也位于垂直面上，但与纵轴平行，第三个位于水平面上。人类和鸟类的耳朵里也有这样的管道。对鸽子进行的实验表明，如果破坏了其中的某个管道，比如说与身体纵轴平行的管道，鸽子就会在这个平面上失去平衡；它会时不时地低下脑袋，或者整个身子前后摇晃。如果破坏了另外两个管道，鸽子便会左右摇晃。这些实验表明，尽管半规管长在听觉器官里，却起着平衡器官的作用。要是半规管受到损害，鸟儿就感觉不到身体相对于水平面的位置异常了。这些器官在人类身上也有类似的作用：因受伤等原因导致半规管受损的人会丧失平衡感，这就是一个很好的证明。

克莱德尔认为，鱼类的迷路只有感应平衡的作用，并不是听觉器官。

你可以试着观察大自然中的情形，看看克莱德尔的观点有几分道理。其实他还是弄错了——对水族箱里的鱼的观察并不能证明它们听不到声音。它们可能只是不理会金属棍的声音罢了，因为这个声音既不是什么坏兆头，也不是什么好兆头。至于克莱德尔引用的金鱼的例子，它们或许真是习惯了看到人才游过去，而不是听到铃声，但这也证明不了它们听不到声音呀。而渔民的观察反倒证明了鱼是听得到声音的。有几种捕鱼法就是以鱼类的辨音力为基础的。在伏尔加河上，人们用挂着青蛙饵的钓钩捕捉鲶鱼；为了把鲶鱼引诱过来，渔民拿木制酒杯拍打水面，制造出类似蛙鸣的声音。这种方法从遥远的古代沿用至今，要是说千百年来的渔民一直用着这招儿，却浑然不知是个误解，这也未免太难以置信了！很多地区有很发达的捕鱼业，当地人都禁止在河岸边开枪射击，理由是枪声会把鱼吓跑。

这些事实都表明鱼是听得到声音的。你可以在大自然中进行各种不同的实验，尝试自己彻底解决这个问题。先找个有沙底、清水和鱼的地方，在岸上制造各种各样的声音，比如用棍子敲盆子、放鞭炮等，同时要避免剧烈的动作把鱼吓跑。还有一点非常重要，那就是搞清楚水里产生的声音会不会对鱼产生什么影响。你可以在水里敲击两块石头，弹簧铃可能效果更好。

16.吸引注意的手段

———

萤火虫是大家非常熟悉的昆虫，它的雌虫没有翅膀，光着肚皮，身体分节，样子很像蠕虫；雄萤火虫有翅膀，而且飞行本领高强。众所周知，雌萤火虫会发光。如果你去了萤火虫栖息的地方，就可以拿它做个实验。在草丛里找只发光的萤火虫，用玻璃杯罩住它，等一刻钟左右，你就会发现，杯子附近停了好几只雄萤火虫。据此可以得出结论：雌虫发光是为了吸引雄虫的注意，或者简单点说，雄虫靠这微光寻找雌虫。在那些出于某种原因而难以相互寻找的昆虫身上，也能看到类似的现象。萤火虫之所以难找，是因为它活跃在晚上，而晚上的能见度很差。但也有许多昆虫白天也不好找。螽斯就是这样的一个例子，因为它的体色和环境的颜色非常近似。如果螽斯生活在枯草里，它就是枯草的颜色；如果生活在绿叶里，就是绿色；诸如此类。很多时候树上有蝉在歌唱，人却很难发现蝉的踪影，蝉的体色与环境色是如此协调统一，其他生物很难找到它们。那么，螽斯之间和蝉之间要相互寻找也同样不轻松，为引起同类的注意，螽斯会发出吱吱声，蝉则会"唱歌"。

为了实现这个目的，有些动物发展出了货真价实的信号系统。在中亚沙漠中有一种蜥蜴，它的体色与沙子的颜色接近。这种保护色使得它很难被发现，从而避开猛禽的追捕。但到了有需要的时候，这种蜥蜴就会扬起尾巴，尾巴的底面长着明暗相间的横纹。这种弯起来的尾巴在黄沙的背景下非常醒目，从远处也能很清楚地看见。蜥蜴正是靠着这种"信号旗"相互寻找的。

蝉（仰视图）。Ty—发音器。

17.另一种引起注意的手段

——

　　有的时候，动物必须以某种方式吸引注意；但也有的时候，这种方式却有了另一层含义，是为了让动物能安安静静地待着，确保自身的安全。在园子里或田里找只色彩鲜艳的毛毛虫，有的毛毛虫身上有黄色或红色的斑点，但需要十分小心，为什么呢？先把毛毛虫拿给鸡吃，看它对这份礼物有何反应。鸡看看毛毛虫，立刻扭开了头。要是它想吃的话，应该立即啄去吃了。鸟类之所以不吃这种毛毛虫，是因为它们带有恶臭甚至是有毒。为了让鸟类区分能吃和不能吃的毛毛虫，大自然使后者披上了鲜艳的色彩。这种体色对毛毛虫来说十分有用。没有这种体色，鸟类就可能误以为这是能吃的毛毛虫，便开始捕捉。等鸟叼住并咬碎了毛毛虫，自然马上会发现不能吃，就把它扔掉了，但毛毛虫也没有好下场，因为被鸟喙咬伤后迟早是要死的。所以说，避免这种无谓的牺牲非常重要；为了达到这个目的，它们身上得有个特殊的记号，好像是在说："不能吃我！"这种颜色叫作"恐吓色"，或者叫作"警戒色"更好。

毛毛虫。

18.隐蔽的手段

——

　　这类手段十分常见，但我只想请你注意花园中就能观察到的一种现象。要是附近有个花坛，里面种着些晚上开花的植物，比如烟草花，那么到了傍晚，你肯定会看见花坛里有蛾子在花朵上翩翩起舞，还从花冠里吸吮花蜜。这就是所谓的"天蛾"，是一种长着肥肥的肚子和椭圆形的翅膀的蛾子，当它们停落下来时，翅膀便像屋顶一样盖在身上。这种蛾子的后翅多少有点鲜艳的色彩，而盖着后翅的前翅却灰不溜丢的，很像树皮、旧篱笆或者它们白天栖息地的颜色。在这种颜色的掩护下，停在这些物体上的天蛾就算从近距离也很难分辨出来。这种隐蔽手段在螽斯、蝉、甲虫、毛毛虫乃至某些鸟类的身上都能看到。小鸟不喜欢猫头鹰，如果白天里小鸟发现猫头鹰，是绝对不会让它安宁的，猫头鹰只好躲起来，因此所有的猫头鹰都有这种隐蔽色。不过，隐蔽色体现得最明显的要数"夜鹰"。这种鸟大约有椋鸟那么大，黄昏和夜晚飞出来捕捉飞虫，经常在羊群附近盘旋。到了白天，夜鹰便落在树干上，而它的羽毛跟树皮的颜色完美融合，尽管它个头儿不小，却很难被发现，哪怕是从近距离也不容易。林蛙也会使用这种隐蔽手段。林蛙常常待在树叶上，即使它大声鸣叫，你也难以发现——它背部的颜色与树叶的颜色便是如此协调统一。

19.误导的手段

——

　　我们这儿有种叫"透翅蛾"的飞蛾，叫这个名字是因为它的翅膀与其他蛾类不同，是透明无色的。透翅蛾与其他蛾类还有一个区别，就是它外表看上去很像黄蜂。它的翅膀不仅透明，还呈现末端圆的细长形状；肚子的形状也和黄蜂一样，甚至连颜色都相同。会蜇人的昆虫（比如蜜蜂和黄蜂）有一种特殊的体色，鸟类便是根据颜色将其可以吃的昆虫区分开来的。具体来说，它们肚子的末端有几道黄色的横纹。这种颜色也是一种警示的手段。而透翅蛾也有完全相同的体色。这种飞蛾的上述特点使得它与黄蜂异常相似，误以为它是黄蜂的鸟儿便不会去招惹它（见图）。这样看来，与黄蜂的相似正是一种误导鸟类的手段。如果你凑巧抓到了一只透翅蛾，你不妨把它放进房间里试试，看它会给猫儿造成什么样的印象。猫很喜欢抓蛾子，但显然只是出于好玩，因为它通常不会把蛾子吃掉。而猫是不敢抓透翅蛾的，就跟鸟儿不惹透翅蛾的理由一样。

a 为透翅蛾，b 为黄蜂。

　　在炎热的国家，类似的例子还能见到许多。美洲生活着一种特别像黄蜂的甲虫，博物学家贝茨用虫网抓到一只，却害怕被咬而不敢用手去抓。那里还有一种蟋蟀，长得跟椿象很像，就连熟悉昆虫的威斯特伍德^①都以为它是甲虫，抓到后便把它同收藏的甲虫放在一起，直到仔细研究之后才发现了自己的错误。

---

① 约翰·奥巴迪亚·威斯特伍德（1805～1893），英国昆虫学家、考古学家。

20.“拿布谷鸟换老鹰”是什么意思？

——

  有句俄语谚语叫“拿布谷鸟换老鹰”，意思是“做不划算的交换”。创造这句谚语的人明显是觉得布谷鸟比老鹰好。对人类来说，布谷鸟也确实比老鹰有益。布谷鸟吃毛毛虫，而除了蚕之外的毛毛虫几乎都是害虫；老鹰捕杀小型鸟类，其中大多数是益鸟，因为它们能消灭害虫。不过，这里我们不想讨论这两种鸟的益处和害处，而是想搞清楚另一个问题：为什么人们在谚语中要把布谷鸟和老鹰相比，而不是拿其他的鸟来表达相同的意思呢？

  之所以选择这两种鸟，主要是因为它们外形比较相似，只要一不留神，就很容易做出“拿布谷鸟换老鹰”的亏本买卖。要是考虑到它们身体结构不同，在动物学上的分类也不同，这种相似就更叫人惊奇了。老鹰是一种猛禽，而布谷鸟有时被划入攀禽，有时被单独列入鹃形目。那么，要怎么解释人们发现的这种外形上的相似呢？原来这种相似也是误导手段的一个例子。

  众所周知，布谷鸟自己不筑巢，而是把卵产在其他鸟的巢里，每次生一个，且选的都是比自己个头儿小得多的鸟，比如黄莺、鹡鸰、红尾鸲之类。与其他幼鸟一起出生的小布谷鸟自然长得比“养母”的孩子们快得多，它很快就会长到巢里没有足够的地方给“亲儿女”了，便用身体把它们推出去。

  为什么布谷鸟自己不筑巢呢？这个问题在动物学上有很多种解释。有人认为，布谷鸟吃的都是些没营养的东西，所以没有足够的营养来喂孩子。可直到现在都没有人去分析布谷鸟的食物，去搞清它的营养状况。布谷鸟有很多种，生活在许多不同的国家——欧洲、亚洲都有分布，非洲和美洲也有，可所有种类的布谷鸟都不自己筑巢。要是说世界各地的布谷鸟都非要选择没营养的食物，那也未免太奇怪了吧；而布谷鸟的食物主要是毛毛虫，它们特别喜欢吃长毛的毛毛虫。

布谷鸟。

　　另一种解释就要靠谱得多了。布谷鸟的产卵间隔很长，大约是隔周生一个。假如一只布谷鸟一季能下四个蛋，且自己来孵蛋，它便会陷入左右为难的境地。头一个蛋孵出的小鸟得喂，要喂小鸟就得离开鸟巢去找毛毛虫，而后生的蛋又得去孵。这就造成了棘手的难题。要是去喂第一只小鸟，就顾不上后生的蛋；要是去孵后生的蛋，又顾不上第一只小鸟。应当认为，布谷鸟正是出于这个原因才偷偷往其他鸟的巢里下蛋，且每次只生一个。首先，布谷鸟的蛋相对其自身来说体积很小；其次，它可以根据当地鸟巢的情况改变蛋的颜色。要是它打算把蛋产在鹡鸰的巢里，那它的蛋的颜色就像鹡鸰蛋；要是它在当地利用的是黄莺的服务，那它就下"黄莺蛋"。因此，巢主一般发现不了这个冒牌货。但是问题又来了，巢主又怎么会让布谷鸟闯进自己的巢呢？布谷鸟总不能强行把蛋塞进其他鸟的巢里呀！如果布谷鸟无视其他鸟儿的抗议强行下蛋，巢主就会抛弃被骚扰的鸟巢，换个地方重新筑巢。因此，布谷鸟必须趁巢主离开时偷偷地下蛋。这时布谷鸟与老鹰外形的相似就能帮上忙了。这种相似只有体现在飞行中，当布谷鸟停在枝头上时，它就一点儿都不像老鹰了。利用与猛禽相似的特点，布谷鸟先在草丛里下好蛋，然后用嘴叼着蛋作低空飞行。小型鸟类很怕老鹰，一看到布谷鸟就误以为是老鹰，吓得抛下鸟巢四处躲藏，布谷鸟便趁机把一个蛋放到巢里。

还有其他动物采用了和布谷鸟一样的育儿方式，其中特别有意思的是熊蜂，它们为此还被人们叫作"布谷蜂"。熊蜂是大家都熟悉的一种昆虫，样子很像蜜蜂，但比蜜蜂胖，身上长满绒毛。熊蜂的社会性和社会结构也和蜜蜂类似。熊蜂群中有一只蜂后、若干雄蜂和工蜂，只不过它们的群体绝没有蜜蜂的那么大。一个熊蜂巢里通常不超过 500 只蜂，而一个蜜蜂巢里可以有几万只。熊蜂的巢由圆形或椭圆形的蜂房组成，众多蜂房靠灰色略带红色的蜂蜡粘在一起；蜂巢通常建在地上的石头下面，有时在老鼠洞里也有。熊蜂从蜂房里采集蜂蜜，用来喂养自己的幼虫。上面说的是普通熊蜂的情况，还有一种更加过分的"布谷蜂"，它们自己连巢都不筑了，而是把卵产在其他种类的熊蜂的巢里。因此这种"布谷蜂"没有工蜂，只有雄蜂和蜂后，它们体内甚至都没有任何适于采蜜的结构。

21.复活的苍蝇

请抓只苍蝇来，"残忍"地把它淹死在水里。把苍蝇摁在水下两分钟左右，等它失去了生命迹象，再将其放在桌子上，拿温热的烟灰弹在它身上。弹了三四次烟灰后，苍蝇便抖抖身子飞走了。苍蝇假死和复活的原因是这样的：苍蝇跟其他昆虫一样都靠气管呼吸，气管在身体两侧有两列开口。当苍蝇被摁到水里时，气管里便充满了水；由于缺乏空气，苍蝇先是陷入昏厥状态，然后就真死掉了，那就不可能再复活了；而温热的烟灰可以吸收水分，把气管里的水吸出来，昏厥的苍蝇也就复活了。

苍蝇。

22.升降舵

———

　　飞机上有两个舵。其中一个能控制飞机的左右航向，另一个用来改变飞机的上下航向。鸟类的尾巴同时起到两个舵的作用，而苍蝇的"升降舵"则是一对退化的小小后翅，叫作"平衡棒"。你可以通过以下实验来证明这确实是"升降舵"。抓只大苍蝇，用剪刀剪掉它的平衡棒再放走它。苍蝇起飞了，但只能在低空沿着水平面飞，却不能再往上飞了，因为上升所必需的"升降舵"已经不在了。

23.苍蝇征服者

————

某些热带国家的昆虫是文明的真正敌人。它们生息的地方家畜无法存活，有时连人都住不了。这些昆虫征服了大量的土地，将人类和人类文明拒之门外。巴拉圭有种苍蝇会将卵产在牛犊和马驹尚未愈合的肚脐眼里，虫卵的孵化会导致幼畜死亡。虽说人们可以加强对牲畜的看护，防范苍蝇的侵袭，但拜这些苍蝇所赐，巴拉圭既没有野马也没有野牛，而在没有这种苍蝇的南美洲其他地方，生活着成群结队的野马和野牛。尽管如此，苍蝇还是没能阻止人类在巴拉圭定居下来，也阻挡不了当地畜牧业的发展。

在臭名昭著的采采蝇盘踞的非洲，情况就完全不同了。非洲的一种采采蝇叮咬牛马会致其死亡，所以早期在这种采采蝇的栖息地饲养家畜是十分困难的。缺少这些牲畜脚力，早期的探险者就只好进行徒步考察，并雇用当地人来搬运行李。被这种苍蝇咬过的动物会患上一种被当地人叫作"诺干纳"的疾病。那时的人们认为采采蝇有毒，但后来证明采采蝇本身无毒，而是通过叮咬把一种叫作"锥虫"的微生物注入动物体内，从而引发疾病。另一种采采蝇的生活地域较小，主要是在非洲中部，它们咬人时会传播一种致命的疾病——"昏睡病"。被咬的人过一段时间后就会陷入昏睡状态，最后在昏睡中死去。死于这种疾病的主要是当地人，因为他们赤脚行走，露天睡觉，很容易被采采蝇叮咬。尽管如此，这种苍蝇本身也无毒性，同样是锥虫被注入人的血液后作的怪。这种寄生虫会进入人的大脑并引发死亡。

能不能发明一种手段来消灭采采蝇呢？经过努力的研究，人们终于发现了这种害虫的弱点——它的繁殖能力很弱。采采蝇一次只能产一枚卵，

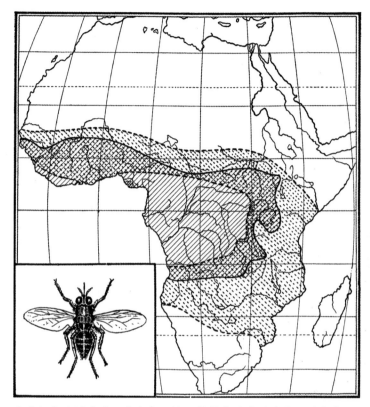

采采蝇与非洲地图。实线表示给人传播昏睡病的采采蝇的分布区。
虚线表示给家畜传播致命的"诺干纳"的采采蝇的分布区。

所以繁殖得很慢，而且其幼虫化蛹后在草丛里生活。因此，有个研究采采
蝇生活方式的英国学者建议把草丛烧掉。还有学者提出利用成虫缓慢迟钝
的弱点直接把它们消灭。但这些手段都无法把采采蝇彻底剿灭。还是要从
病因入手解决问题，将药物注射到患病人畜的血液里，杀死被采采蝇带入
其中的锥虫。

24.相互交流的手段

请你花点时间去观察追求母鸡的公鸡，听听它在生活中碰到各种情况时是怎么鸣叫的。人人都知道，公鸡发现食物时会用什么样的声音呼唤母鸡。母鸡也非常了解这种叫声。要是看到有猛禽飞来，公鸡又会发出另一种叫声，而母鸡同样非常清楚这种叫声的含义。当公鸡发现可以放松肢体、好好休息的藏身处时，它会发出特殊的叫声把母鸡唤来。公鸡的词库里还有专门表示恐惧的叫声；它的咕咕叫无非是向另一只公鸡挑战的信号，而如果能凯旋归来，又会发出一种胜利的鸣叫。总之，公鸡能运用由许多"鸡语词"组成的词库来表达自己的想法和感受。而公鸡并不能说是很聪明的鸟儿。它不过是一种社会性鸟类，也就是群居的鸟类，所以它必须承担起领袖的职责，率领自己的"三妻四妾"组成的小群体。作为某个群体的领袖，它就得有表达思想的办法，为此最好的手段就是学会改变声音，赋予声音不同的细微含义。公鸡能运用的词汇顶多十来个，而像猴子之类的高等动物的词汇就要多得多了。大部分猿猴都是社会性动物，所以它们也需要相互交流的能力，这种能力特别发达，离人类清晰分明的语言只有一步之遥了。美国学者加纳曾用录音装置记录下笼养猴子发出的各种声音，并且记下声音对应的概念。他回家后用留声机重新放出猴子的词汇，并学习发出这些声音。他成功地了解到，猴子具有特殊的声音或"猴语词"来表达喝水、吃东西、手臂乃至抽象的天气之类的概念。按照他的说法，猴子喜欢谈论天气。它们还有一种特殊的声音来表达"危险"或一切恐怖事物的概念。加纳学会了这个词的发音，当他对着一只非常驯服的猴子发出这个声音时，猴子吓得瑟瑟发抖，想安抚它都很困难。加纳重复了这个词，猴子吓得躲到了笼子最远的角落；当加纳第三次发出这个声音后，猴子惊恐到了极点，始终不敢从加纳手里拿东西吃，也不敢接受他的抚摩了。后来加纳发现，不同种类的猴子有着各自的独特语言，但只要养在同一个笼子里，它们很快就学会了相互理解，尽管每种猴子还是用各自的语言交谈。

25.尾巴有什么用？

————

尾巴的作用多种多样，这个题目可以写上整整一本书。我们先不讨论这个器官在热带动物身上的作用，而只是研究常见的动物。我们也不打算谈一些众所周知的功能。人人都知道，牛、马的尾巴可以驱赶苍蝇；人人都知道，鸟的尾巴有舵的作用，当猫、狗之类的动物想在快速奔跑中改变方向时，它们的尾巴也能起到这种作用。

当猫在尖尖的屋脊或篱笆上行走时，它的尾巴就会左右摇动，就像是走钢丝的杂技演员手里的棍子。在这种情况下，尾巴起到了平衡或者说是保持身体稳定的作用。但猫和狗的尾巴还有个功能就不是谁都知道的了。请你观察一下，当猫和狗在寒冷的环境下蜷成一团睡觉的时候，它们的尾巴起了什么作用。

尾巴的平衡作用。

猫和狗会把鼻尖塞到尾巴的长毛里，空气便在穿过尾巴毛时得到加热，然后再被鼻子吸入肺里。因此，进入鼻腔的空气已经稍稍暖和了点，而在通过鼻腔的管道时便完全变热了。我们都知道，在床上保持暖和的最好办法就是用被子盖住脑袋。在蒙头大睡的状态下，人吸入的已经是被子下的暖空气了。而要是脑袋没有被盖住，吸入肺里的就是房间里的冷空气，会让身体整个儿变冷。有些胸部患病的人需要佩戴一种类似口罩、能盖住嘴巴和鼻子的"呼吸器"，通过呼吸器的空气首先被过滤掉部分灰尘，其次是得到了加热，以温热的状态进入肺里。许多动物的尾巴都能起到呼吸器的作用，其中也包括猫和狗。当猫不想蜷着睡觉时，它有时会拿前爪来代替尾巴——在身上随便找团毛把鼻子插进去，然后用爪子盖在鼻子上面。

26.贝尔迪切夫和库尔斯克①的夜莺

——

　　喜爱夜莺的人都知道，夜莺的歌声各不相同。有的夜莺唱得很好，也有的唱得很差。歌声特别出众的是俄罗斯贝尔迪切夫和库尔斯克的夜莺。当年颇具盛名的歌唱家帕蒂唱《夜莺》唱得很好②，据说她曾专程去库尔斯克省听当地夜莺唱歌，向它们学习。有人可能会以为库尔斯克和贝尔迪切夫生活着一种特殊的夜莺；但整个俄罗斯其实只有一种夜莺，也就是所谓的东方夜莺，只有靠近西欧的地区才能见到西方夜莺的踪影。何况俄罗斯的夜莺还会飞到温暖的国家去过冬。

　　贝尔迪切夫和库尔斯克的夜莺究竟为什么唱得比别处的夜莺好呢？这个看似有点古怪的情况其实很好解释。我们知道，小鸟儿会跟着老鸟学唱歌，在这个过程中不仅学了后者的歌唱方式，还学走了它的调子。有些鸟类甚至能模仿其他鸟类的歌声。举个例子，椋鸟能模仿燕雀、黄莺和林莺的歌声。此外，从温暖的国家回到俄罗斯的候鸟会飞回出生的地方筑巢。比如燕子吧，尽管它们在中非过冬，但春天还是会飞回上一年生儿育女的窝里生活。

　　由于某些完全偶然的原因，贝尔迪切夫和库尔斯克生出了一些唱得很好的夜莺。它们的儿女和附近的夜莺都开始向它们学习。它们的歌唱技巧就这样代代相传，而它们的子女每次离开过冬地后来年都会飞回自己的故乡，也就是回到贝尔迪切夫和库尔斯克，所以这种特殊的歌唱技巧与调子都不可能传到其他地方。只有那些跟它们一起生活的夜莺才能向它们学唱歌，于是便形成了库尔斯克和贝尔迪切夫的"夜莺乐派"。

———

① 分别为乌克兰中西部城市和俄罗斯南部城市。
② 阿德琳娜·帕蒂（1843 ~ 1919），意大利歌唱家。《夜莺》是19世纪一首极为流行的浪漫曲。

27.两种鸟蛋

把燕子或麻雀的蛋煮熟，你会发现这些鸟蛋的蛋白并没有凝结，而是保持着透明的半液态。而鸡蛋、鸭蛋的蛋白煮熟后会变成不透明的固态。燕子蛋的这种特点是由一个小男孩——塔尔汉诺夫教授[①]的儿子发现的。他在做游戏时煮熟了一个蛋，确定蛋白不会凝结后，便把这个发现告诉了父亲。塔尔汉诺夫教授对蛋白进行化验，发现其化学成分非常特殊，与鸡蛋白完全不同。这是一种特殊的蛋白质，为了纪念儿子的发现，塔尔汉诺夫教授便把它命名为"TATA蛋白"。TATA是教授儿子名字的缩写。他又发现，TATA蛋白存在于所谓的"晚成鸟"的蛋里。这类鸟的雏儿刚孵出来时非常柔弱，身上通常是光秃秃的，直到长大前都一直待在巢里。普通的蛋白质存在于所谓的"早成鸟"的蛋里。这类鸟的雏儿刚从蛋里孵出来，有时背上还挂着几片蛋壳呢，可身子一变干就能跟着妈妈跑来跑去了。

[①]　可能是指伊万·罗曼诺维奇·塔尔汉诺夫（1846～1908），俄罗斯生理学家、教育家、科普作家。

28.为什么公鸡等鸟类常在尾巴里翻来翻去?

———

　　鸟类的尾巴上方有一个全身唯一的皮肤腺，叫作"尾腺"。这个腺体能分泌一种油性物质，让鸟类用来涂抹羽毛。为此它们得用嘴把腺体中的油脂挤出来，然后拿嘴在羽毛上蹭来蹭去，这样就让羽毛沾上了油。鸟嘴够得着身体上和翅膀上的所有羽毛，却够不到脑袋，而脑袋上的羽毛也得抹油呀。为了给脑袋抹油，鸟类先让背部的羽毛覆盖一层油脂，然后把脑袋转过来凑到背上蹭，直到上面的羽毛也沾上油为止。

　　游禽身上的尾腺非常发达，它们也特别卖力地给自己的羽毛涂油，因此它们的羽毛有防水作用。鹅刚从水里出来，稍微抖抖，身上就干了。"如水离鹅"的说法就是这么来的[①]。水无法附在油腻的羽毛上，便聚成小球从羽毛上流掉了。陆禽的油脂可以防止羽毛被雨水打湿，这对翅膀上的羽毛尤其重要。俄罗斯南方有种个头儿跟火鸡相仿的大型猎鸟叫"大鸨"[②]。这种鸟身上没有尾腺，所以有时会落到非常狼狈的境地。当起大雾或伴随着冰霜的雾凇时，大鸨的羽毛便会沾满雾水然后结冰，这下它就张不开翅膀也飞不起来了。到了这种时候，人们便把一群群大鸨赶回院子里去。这种现象甚至"惊动"了《狩猎法》，里面明确规定：禁止人们去捕捉冻僵的大鸨。

———

① 俄语成语，意思是"无所谓，满不在乎"。
② 原文用了两个词，是该鸟在俄语中的不同名称。

29.为什么鸟儿睡觉时不会从枝头掉下来？

要想避免从枝头掉下来，就得牢牢地将自己固定在树枝上，也就是用爪子抓住树枝，为此就得绷紧肌肉。在睡梦中，能自主活动的腿部肌肉是不起作用的。鸟儿明显是发展出了某种适应能力，才能在睡梦中也能完全机械地固定在枝头上。这种适应不仅影响了活鸟，在死鸟身上也能观察到。要是你家厨房有只宰杀的鸡，你可以试着弄弯它的腿。先把腿调整到鸟儿站立时的位置；然后弯曲它的膝关节，把腿调整到鸟儿坐下时的位置。你会发现，当腿部的关节弯曲时，爪子会自动蜷缩起来。由此可见，当鸟儿停在树枝上时，只要弯曲腿部的所有关节，它的爪子便会自动牢牢抓住树枝，这完全是机械的作用，根本用不着绷紧肌肉。而要让爪子松开树枝，鸟儿就得先把腿伸直；这自然只有睡醒后才能做到。

这种适应还有另外一层作用。当鸟儿停在地上时，它的爪子是伸直的。当它开始奔跑时，就得向前交替迈出双腿。而叉开爪子迈腿是很不方便的，因为爪子容易撞到地上的东西或钩住草丛之类。所以迈腿时爪子应当握紧才行。这样看来，鸟儿每迈一步就得收放一次爪子。事实也的确如此，只不过这是纯粹机械的活动，用不着肌肉花费额外的力气。当鸟儿迈出一条腿时，这条腿的膝关节自然会弯曲，爪子便在弯曲的作用下机械地收了起来。

30.为什么鸟儿飞得那么高却不会受到伤害?

飞鸟。

　　当天气很好时，我们偶尔能看见高空中有鹰在飞。这些猛禽飞得相当高，尽管它们的翼展能达到两米多长，但在地上的人看来就像是明亮的天空中的一个小黑点。在这样的高度，不是所有动物都能生存的，因为空气太稀薄了。此外还请注意这些猛禽的另一特点，它们能很快地升上高空，还能更快地降到地上——也就是说，它们可以在高压区与低压区之间来去自如。有一种腐食性的大型猛禽叫作"秃鹫"，这种鸟非常喜欢飞到高空中，靠着极为敏锐的视力从空中俯视大地，一旦发现了牛马的尸体，只需两三分钟就能从高空降到尸体跟前。在如此短暂的时间里，秃鹫从极其稀薄的大气区降到了正常的气压区，而身体机能却毫发无损。

　　鸟类之所以能经受住快速而剧烈的气压变化，原因在于其特殊的身体构造。鸟类的身体里有气囊，气囊与肺相通，而肺又与外界相通。如果你家厨房里有只宰掉的野鸭或鸽子，你就可以试着拿它做个实验。折断它的爪子，把端口浸入水里。然后切断它的喉咙，往气管里插根管子，按一按让气管壁贴紧，再往管子里吹气。这时腿骨的断面便会冒出小气泡。这就说明骨头的空洞处与肺相通。鸟类的骨头与哺乳动物的不同，其内部并没有骨髓，而是气化的，也就是充满了空气；这些空气可以自由地在骨头中循环流动，进入肺部，又从肺部排到外界。鸟类的肺很小，但它体内有很大的气囊，这些气囊长在皮下、肌肉间和内脏间，还突入骨头的空洞处。这些气囊的壁非常薄，所以要把它们从鸟类体内取出来做成标本是不行的，但要证明它们的存在也不难。往鸟尸的气管里吹气，它的身体就会膨胀起来，且皮肤上会出现小凸起。这是因为皮下的气囊被吹大了。要是压一压刚宰的鸟，还能听到轻微的爆裂声，这是由于气囊被弄破了。这样处理后，鸟尸看上去比原来更小了。

现在我们来设想一下：当鸟类往上飞时，气压会变得越来越小，而它体内的气压也会相应降低。换句话说，外界的气压将与体内的气压保持相等，所以鸟类的器官不会有半点损伤。

31. 蜜蜂是怎么相互交流的？

——

要是你有机会观察蜂箱附近的蜜蜂，可以做做下面这个实验。在蜂箱附近的花园里找张长椅，在上面放张浸透了蜂蜜的纸片或盛着蜂蜜的碟子，在旁边等一会儿，你会发现有蜜蜂落到了蜂蜜上。抓住这只蜜蜂，用小刷子给它背部涂上醒目的油彩，做上标记。采完蜜的蜜蜂飞走了。用不着等多久，就能看到有一群蜜蜂跟着它（或者没跟它一起）飞了回来。很明显，蜜蜂告诉了同伴长椅上有很好的蜜源。它是怎么告诉同伴的呢？为了观察这种情况，你得造个玻璃蜂箱。要是搞不到玻璃蜂箱的话，你就只能听我讲讲学者弗里希[①]的发现了。弗里希找过许多助手，进行了多次观察，终于确信蜜蜂并不是把发现的蜂蜜放进蜂窝，而是分给了自己的同伴。分完蜂

蜂箱。

———
① 卡尔·里特尔·冯·弗里希（1886～1982），奥地利昆虫学家，1973年诺贝尔生理学与医学奖得主。

蜜后，它开始进行一种特殊的运动，弗里希把这叫作"蜜舞"。它开始迈着小碎步顺着同一个方向绕蜂窝转圈圈。在舞蹈过程中，其他蜜蜂用触角接触跳舞的蜜蜂的腹部，很明显它们是在闻它的味道。蜜舞的意义在于，蜜蜂把自己的腹部给尽可能多的同伴闻，仿佛在说："快闻一闻，飞去采蜜吧！"蜜舞结束后，蜜蜂中便发生了大骚动，数百只蜜蜂从蜂房飞出去寻找蜂蜜。如果侦察蜂回到蜂房后出于某种缘故并没有跳舞，那么它的出现就不会引起骚动，露天的蜂蜜可能放上好几天也没有蜜蜂来采。要是蜜蜂跳了舞，蜜源的距离又不是很远，其他蜜蜂只要几分钟就能找到。如果距离很远，发现的时间就会延长。在一次实验中，弗里希把一茶杯蜂蜜放在距离蜂箱约一千米的草地上，且蜂箱与茶杯之间隔着一座很高的山丘和一片树林。尽管如此，侦察蜂还是找到了蜂蜜，又过了约一个小时，其他蜜蜂也飞了过来。

32. 蜜蜂是怎么寻找蜂蜜的?

——

　　做一下弗里希曾做过的几个实验，你就能自己解答这个问题。拿一个盛了蜂蜜的小碟子，把它放在花园里，请人帮忙在发现蜂蜜的蜜蜂身上做个记号，你自己则在蜂房旁边等待。等侦察蜂飞回去把自己的发现通知给其他蜜蜂后，你会看到有上百只蜜蜂飞出蜂房，开始绕着蜂房转圈圈。起初圈子很小，后来逐渐扩大，直到绕到有蜂蜜的碟子的地方为止。蜜蜂是靠气味寻找蜂蜜的。你可以自己做几个实验，从中不难看出，气味在寻找蜂蜜和花粉的过程中具有最重要的作用。这次不要拿蜂蜜，而是准备一种开花的盆栽植物。弗里希选择的是仙客来（又称兔耳花）。为了让花更加吸引蜜蜂，你可以往花朵里滴几滴糖水，蜜蜂也会和采蜜一样把糖水采走。等侦察蜂发现花朵飞回蜂房后，把花朵换成没有糖水的同种花朵。飞过来的蜜蜂依然会停在这朵花上，尽管里面已经没什么好东西了。但如果你把仙客来换成别的花，比如天蓝绣球，蜜蜂便会对它不屑一顾，只是执着地寻找仙客来。但若是先给侦察蜂一朵盛着糖水的天蓝绣球，后来的蜜蜂就不会理睬仙客来，只顾寻找天蓝绣球。每种花都有自己特有的气味，尽管气味非常微弱，却是蜜蜂寻找花朵的依据；侦察蜂在跳蜜舞的时候，让其他蜜蜂闻自己的腹部，指示它们去寻找这种气味。

　　再做个实验，这回不要用真花，而是找几朵用纸或细麻布做成的假花，向花里滴几滴糖水，再给花涂上薄荷油或其他气味强烈的物质，但不能是难闻的味道。侦察蜂找到了这些假花，飞回蜂房后便通知了同伴。蜜蜂们立刻露面了，它们不仅会停到假花上，还会对涂了薄荷油的所有物体都表现出浓厚的兴趣，哪怕只是一把普通的刷子。要是你没有用薄荷油涂抹糖水假花，那么即使侦察蜂已经发现了，后面也不会有蜜蜂再飞过来。弗里希发现，在这种情况下，侦察蜂不会跳蜜舞。对此他解释说：糖本身没有气味，侦察蜂也就没必要跳蜜舞了。

33.蜜蜂是怎么寻找花粉的？

————

　　除了花蜜，蜜蜂还要收集花粉来喂养后代，而且它们绝不会从采蜜的花朵里采集花粉。当侦察蜂发现新的花粉源时，它便飞回蜂房并开始跳舞，但这个舞蹈和指示蜜源的舞蹈并不相同。蜜蜂开始用力地朝各个方向摇动腹部，把粘在腿上的花粉抖到其他蜜蜂的触角上，因为蜜蜂同样是靠嗅觉来寻找花粉的。

　　做个实验就能证明这一点。先找到蜜蜂采集花粉的花朵，等蜜蜂飞走后再剪掉产生花粉的雄蕊，注意不要让花粉碰到花朵；这样一来，蜜蜂就不会再飞来寻找花粉了。弗里希发现，他的玻璃蜂箱里有的蜜蜂去牵牛花上采集花粉，有的蜜蜂去野蔷薇上采集。也就是说，在同一个蜂箱里，一群蜜蜂从一种植物上采集花粉，另一群从另一种上采集，决不会去碰别的植物。他用特殊的记号给每组蜜蜂做了标记，在蜜蜂背上涂了颜色，按着这个标记很容易就能看出哪种蜜蜂去找哪种花采花粉。等侦察蜂在牵牛花上采够了花粉飞回蜂箱后，弗里希便把这朵牵牛花的雄蕊统统剪掉，用大头针钉上野蔷薇的雄蕊。结果飞到这朵牵牛花上的却是那些平时从野蔷薇上采花粉的蜜蜂。很明显，每种植物的花粉都有着独特的气味，蜜蜂便是按着这种气味来寻找花粉的。

34.蜜蜂是怎么寻找蜂房的？

———

　　自然界中的蜜蜂有时把蜂房建在树洞里，它们非常熟悉自己的树洞，很容易就能找到树洞和通向蜂房的开口，也就是入口。自然界中不会出现蜂房翻倒或移动的事情，因此蜜蜂没有发展出寻找移位的蜂房的能力。所以，如果有人移动了蜂房，蜜蜂就无计可施了。等蜜蜂飞出去采蜜后，把蜂房的入口（也就是蜜蜂进入蜂房的开口）转个方向，甚至都不用去改变蜂房本身的位置，从田野里飞回来的蜜蜂依然聚在原来开口的位置，可开口却没了。要是把蜂房直接转到背面，蜜蜂可能根本就找不到开口，也就进不了蜂房了。然后试着把蜂房往边上移一米距离，蜜蜂会聚在它原来的位置，但过一会儿还是能找到蜂房钻进去的。要是你把蜂房移出两三丈远，蜜蜂便会在它原来的位置盘旋，怎么都找不到蜂房。若是拿走蜂房，在原地放个带小孔的空箱子，蜜蜂便会钻进箱子，甚至在里面搭起蜂窝来。

　　从这些实验中可以看出，蜜蜂是根据位置来寻找蜂房的，也就是按着蜂房与周围物体的相对位置来寻找。其实蜜蜂是应该可以顺着气味找蜂房的，可实际上却不行，这确实有些奇怪。

35.寄生蜂

——

　　如果你在园子里看到一只很像黄蜂的昆虫停在毛毛虫身上，请你等它飞走后把毛毛虫捉来，放进盒子或罐子里，用它栖息的植物的叶子喂它。这种昆虫叫作"寄生蜂"。它在毛毛虫身上产下了一个或几个卵。不久后卵中就会孵出长得很像蛆虫的无足幼虫，并开始蚕食毛毛虫的身体，但它们会尽量吃那些不太重要的部位，主要是脂肪。这是为了让毛毛虫活得更久，能一直提供新鲜食物。当然了，被寄生的毛毛虫会逐渐衰弱，大多在化蛹前便死掉了，尽管也有能变成蝴蝶的情况，但最终还是难逃一死。在毛毛虫大肆繁殖的年头里，就会出现许多寄生蜂。

　　绝大多数毛毛虫都是有害的，因为它们会毁坏树木和园艺植物的叶子；既然如此，我们应当把寄生蜂看作益虫。但也有一些小型寄生蜂会在大型寄生蜂的幼虫体内产卵，而后者的幼虫又寄生在毛毛虫体内。这样看来，这些小型寄生蜂就是"寄生虫身上的寄生虫"，或者说是二级寄生虫。应当认为，这些二级寄生虫是对我们有害的昆虫，因为它们会杀死对我们有益的一级寄生虫。然而还有三级寄生虫，也就是寄生在二级寄生虫的幼虫体内的寄生蜂幼虫。这些新的寄生虫我们又该看作益虫，因为它们会消灭对我们有害的二级寄生虫。这样一来就有了整整四种昆虫，它们一个套着一个，就像套娃一样。最大的套娃对应着蝴蝶的幼虫，其他小套娃则对应着三种寄生蜂的幼虫。

36.蚂蚁

要是你发现了一个蚂蚁窝，就可以用蚂蚁做个实验。这种昆虫通常在巢穴附近成群活动，有时它们会排成长长一列沿着小路出发去觅食，然后沿着同一条小路返回。在蚂蚁窝附近找只落单的蚂蚁，在它面前放块单只蚂蚁搬不动的肉块。起初它会试着去拖肉块，此时请你用颜料给它做上标记。等蚂蚁确定自己搬不动这么大的肉了，它就会跑到蚂蚁窝去，不久后便带着几个同伴回来了。你可以根据颜色认出哪只是之前的蚂蚁。帮手一到达现场，就展开了混乱的工作。它们从四面八方爬到肉块上，每只蚂蚁都往自己的方向拖。肉块时而向前，时而向后，时而往两边走。蚂蚁们跟肉块斗争了很长时间，最终还是把它弄到了窝里。

蚂蚁是怎么把食物的消息告诉同伴的呢？这一点目前还不太清楚，但很可能是这样的：它让同伴闻一闻接触过食物的颚。在蚂蚁和其他许多昆虫的生活中，嗅觉起的作用比其他感官的要大。蚂蚁通过嗅觉把同伴与其他种类的蚂蚁区分开来。我们知道，蚂蚁有许多种，它们的大小、形态和颜色都各不相同。不同种类的蚂蚁彼此敌对。要是有外来蚁误入了其他蚂蚁的巢穴，巢穴的主人就会把它杀死。但你也可以骗过巢穴的主人。用手多抓点蚂蚁，等手带上蚂蚁的味儿后再把它们放走。然后用同一只手抓另一种蚂蚁，让它们通过你的手带上第一种蚂蚁的气味。最后，把第二种蚂蚁放进第一种蚂蚁的巢穴，巢穴的主人以为它们是同伴，便放它们通行了。由此可见，蚂蚁是靠气味来区分"自己人"和"外来人"的。

37.如何自制饲养箱

————

研究活生生的动物，才能体会动物学的无穷趣味。你可以在自然界中看到各种动物，但野生动物要么非常隐蔽，要么十分警惕，所以很难观察它们的生活，只能看到它们生活中的某些片段，但许多细节就会被忽略掉。而如果我们把活的动物养在室内，情况就大大不同了。不错，这种观察方法也有自己的缺点，因为失去自由的动物与自由状态下的动物感受不同，行为也有所不同，但在精心的照顾和良好的环境下，许多动物还是能适应过来，仿佛依然身处田野或森林，生活状态没什么改变。因此，我们建议动物爱好者自己做个饲养箱或水族箱。

饲养箱是一种饲养陆生动物（主要是爬行动物和两栖动物）的容器。自制饲养箱非常容易，且花费极低。为此需要找个长约一尺半、宽约半尺的木盒。其高度随意，但不能少于半尺。在盒子的长面上开一个大口，再用细密的金属网封住。这道网子是为了让空气能够自由流通。在盒子的另一个纵面上开一个相似的口子，再用玻璃盖上。饲养箱透过这扇窗户获得光照，你也可以透过它观察里面的动物。盒子顶上用木板盖住，有玻璃板更好。在盒子的短面上做个小门，这是为了把动物放进去或清理饲养箱内部。在盒子底部放一张锌片，最好是边缘弯曲的锌片。锌片可以防止盒子的木底受潮腐烂。在锌片上撒满干燥的大粒沙子。盒子中央的沙子里埋一个装水的浅茶杯，茶杯的边缘不能露出沙子表面，或者只露出一点点。然后根据饲养箱里的动物类型来创造相应的环境。无论如何，在饲养箱里放一盆活的植物，再安装几根枯枝，让青蛙、蜥蜴和蛇能进行攀缘，这样安排总是没错的。

蜥蜴和蛇需要能躲藏的隐蔽处。为此，你可以在盒子角落的沙子上放几块大石头，石头之间留点空隙，让动物能爬进去。还可以找个花盆，在边缘处敲掉一小块侧壁，然后翻倒过来，蜥蜴很喜欢钻到这样的花盆底下。在饲养箱里放一座凝灰岩做成的假山，上面留个能让蜥蜴躲避的山洞。当然了，会相互捕食的动物不能养在同一个饲养箱里。游蛇与蜥蜴可以和平共处，但大型蜥蜴会吃掉小型蜥蜴。大部分爬行动物都吃动物性食物。蜥蜴可以喂蟑螂、剪掉翅膀的苍蝇、蚯蚓、米虫和各种小型动物。要是活食不够的话，也可以喂它们吃蚂蚁蛋，但所有的爬行动物和两栖动物都更喜欢吃活动的食物。林蛙擅长捕捉苍蝇，哪怕是飞行的苍蝇也不会失手。如果要把普通的食物喂给蟾蜍和青蛙，你就得找根细细的棍子或金属丝，把食物固定在末端递给它们。你也可以用这种办法给水龟喂食，水龟很喜欢吃小块的肉，但只有把肉块放到水里它才会去吃。陆龟吃植物性食物：它喜欢吃卷心菜、生菜、普通的杂草和煮熟的土豆。游蛇之类的无毒蛇吃活青蛙、蝾螈和小鱼；蝰蛇之类的毒蛇却不乐意吃冷血动物。必须用活老鼠或活麻雀给它喂食。

不消说，饲养箱必须定时清理。要是上述动物中有哪个产了卵，你就得把卵弄出来放到一个单独的盒子里，里面准备点苔藓，并不时喷喷水。卵可能会孵出小动物，但不是每次都能孵化成功的。小动物自然不能放回公共的饲养箱，否则肯定会被其他动物吃掉。

冷血动物到了冬天会躲起来冬眠。如果养在温暖的房间里，它们就不会冬眠，但往往熬不过这个冬天就死掉了。因此，最好是给它们提供冬眠的机会。为此得准备一个专门的盒子，里面放上苔藓和干草，再把盒子放在寒冷的房间里，室温不能超过3℃~4℃。

38.像童话故事里一样

———

　　童话故事里有这样的情节：年轻的女主人公接受了一个无法完成的任务，要在一夜之间捡完满满一粮仓的谷粒。善良的魔法师派蚂蚁去帮助她，蚂蚁轻松地完成了任务。如果你想给饲养箱里的居民提供蚂蚁蛋，你也可以向这些勤劳的社会性昆虫求助。所谓的"蚂蚁蛋"其实是蚂蚁的蛹。这些蛹位于蚂蚁窝的内部通道中，而许多蚂蚁的窝都是由垃圾和土粒组成的。要收集蚂蚁的蛹，你就得把整个垃圾堆掀开，还得从这堆垃圾中一粒粒地把蛹拣出来。不过，你可以让蚂蚁来完成这项工作。为此最好是找个红林蚁的窝。用铲子把蚂蚁窝同蚂蚁一起铲到袋子里，再找个平坦无草的空地，在地上放块板子，但不能让板子完全接触到地面；为此可以在板子下垫几块小石头。把袋子里的东西倒在板子旁边，蚂蚁便立刻开始抢救后代。它们会把蛹全都拖到板子下集中在一起，而你只需把蛹铲到盒子里就行了。

　　要把这些蛹做成备用的动物饲料，就得用特殊的方法进行加工。首先**得杀死蛹中的蚂蚁，不然它们就会钻出来四散逃走。为此最好是把蛹加热一下**（比如放在烤炉上），再把它们晒干，否则烤好的蛹就要烂掉了。

39.自残

——

你可以在饲养箱里养普通的蜥蜴，以及一种叫作"蛇蜥"的无腿蜥蜴。蛇蜥的样子很像一条小蛇，容易被不懂行的人当作蛇，但它是货真价实的蜥蜴，这可以从一些特征上看出来：蛇蜥有眼皮，而蛇是没有眼皮的。蛇蜥的鳞片和鱼一样呈瓦片状，肚子上也长着鳞片，而蛇的肚子上只有一列纵向排布的角质宽片。

之所以要养蛇蜥，是因为它可以拿来做几个非常有趣的实验。它的尾巴非常脆弱，所以也有人把它叫作"脆蛇蜥"。这倒不是说它的身体构造很不结实。如果你拎着死蛇蜥的尾巴把它倒吊起来，在它头上挂不同的重物，你会发现得有很大的重量才能把尾巴扯掉。尾巴能抗拒很大的拉力，所以怎么都说不上是不结实吧。现在请你抓住活蛇蜥的尾巴尖，但注意别把它弄疼。蛇蜥会扭来扭去想挣脱尾巴，但也仅限于此——它不会采取什么更决绝的手段。然后加大捏住尾巴尖的力度，蛇蜥便会左右摆尾作波浪状运动，尾巴一下就断掉了。有时尾巴甚至会断成两截。断尾还会继续动来动去，仿佛还活着一样。要想停止尾巴的运动，就得破坏里面的脊髓。拿根针从尾巴断口捅进脊椎就行了。此时还能观察到一个有趣的现象。尾巴里长着血管，而蛇蜥的尾巴又粗又重，血管按理也会很粗。然而，尾巴的断面并没有流血。这是由于断面的肌肉鼓起来压住了血管。

上述实验表明蛇蜥会自残。这种能力叫作"自割"。

在自然界中，动物的一切能力都具有特定的用途，所以自割也理应有某种用途才对。现在我告诉你，断掉的尾巴不久后又会重新长出来，这下子你应该猜出自割的用途了。你可以把断尾的蛇蜥养在饲养箱里，喂给它蚯蚓或米虫，到夏末就能看见它的新尾巴了。这条新尾巴同样可以断掉，然后又会长出来。蛇蜥是许多鸟类的食物，连乌鸦也乐意享用。当乌鸦下嘴想捉住蛇蜥时，蛇蜥便往前一蹿，把尾巴送到乌鸦嘴边。乌鸦叼住了尾巴，蛇蜥觉得疼，尾巴就断了，而且还在继续扭动，就像活的一样。断尾的这种能力应该是一种误导天敌的适应。鸟类不会立刻想到，自己叼住的竟然只是条尾巴；当它还忙着制服尾巴时，蛇蜥已溜走躲起来了，而尾巴还会重新长出来。这样一来，它付出了尾巴的代价，却捡回了一条命。

在饲养箱里养了蛇蜥后，你会明白它虽然可以自由断尾，实际上却是无意识而为之，就像睡觉的人被挠痒痒时把手缩回来那么自然。这样的行为叫作"反射"。在蛇蜥的例子中，反射是由痛觉引起的。自割的无意识性可以从以下事实中看出来。抓住蛇蜥的尾巴但不弄疼它，它就会试着挣脱尾巴——可见它是想逃走，但并不会采用断尾的手段；它不断尾是因为没有引发反射的因素，也就是没有痛觉。只要用力夹一下，尾巴立刻就会开始作波浪状运动，然后就断了。自割的无意识性还有一个证据：可以用氯仿[①]蒸汽将蛇蜥麻醉，拿块浸透了氯仿的破布捂在它嘴上就行了。在氯仿的麻醉作用下，蛇蜥昏睡了过去，完全丧失了意识，但在麻醉的初期还保留着某些感觉。用剪刀剪一下尾巴尖，尽管它已经失去了意识，却还是把尾巴给弄断了。至于断面肌肉膨胀并压住血管的现象，这理应认为是一种适应，旨在尽可能降低动物自残的代价。

---

① 三氯甲烷，无色透明液体，有甜香气味，挥发性强，曾被广泛用作麻醉剂。

40.怎么让蜥蜴长出两条尾巴?

我们常见的四足蜥蜴的尾巴也很容易断。它们的尾巴非常不结实，想抓条尾巴完整的蜥蜴都难。抓蜥蜴的人通常会怪自己太不小心，可这根本就不是不小心的问题，因为蜥蜴会自己把尾巴断掉。这种能力跟蛇蜥的断尾能力有着一样的作用，且同样是通过反射在无意识下自动实现的。为了让尾巴更容易断掉，蜥蜴的尾巴中发展出了一些特殊的适应。首先，尾巴上的鳞片呈环状分布，有些肌肉束也呈环状排列，断尾后便会鼓起来堵住血管，跟蛇蜥的情况一样。这类蜥蜴的每节尾骨都像一个绕线用的线轴，中间细两头粗，并且由两半部分——前半部分和后半部分组成。这两部分靠着疏松的胶合物粘在一起。断尾时的断口就在这种胶合物的位置，也就是在某节尾骨的中间，因此断尾时保留下来的尾骨中的最后一节只剩下了前半部分。这个部分以后便会长出新的尾巴。现在请你从饲养箱里抓出一条蜥蜴，用剪刀从中段剪断它的尾巴，但要斜着剪并剪到两节尾骨。这样一来，每节受损的尾骨都会开始长出一截尾巴，最后蜥蜴便有了两条尾巴。这样的蜥蜴在自然界中有时也能见到。之所以会出现这种情况，是因为有掠食者咬了蜥蜴的尾巴，利齿伤到了两节相邻的尾骨。要是换种方式来剪的话，我们甚至能让蜥蜴长出三条尾巴。

两条尾巴的蜥蜴。

41.割草蛛与螽斯

——

　　一些蜘蛛和许多昆虫都具有主动断掉某些身体器官的能力；只不过它们断掉的不是尾巴，而是腿。蜘蛛有八条腿，昆虫有六条，所以少一条腿对它们来说也没什么大不了的。在这方面特别有名的是一种长着八条长腿的小蜘蛛，叫作"割草蛛"①。它的俗名和学名都是源于这种能力。要用割草蛛做实验，用不着把它养在饲养箱里。夏天，你总能在乡间别墅的墙壁或篱笆上发现它们。先试试在不制造疼痛的情况下压一压割草蛛的一条腿。它会试着把腿抽回来。要是你更用力地压它的腿的末端，它就会立刻把腿折断。折断的腿开始弯曲，还会做出类似割草的动作，"割草蛛"的名字就是这么来的。这与蜥蜴断尾的能力一模一样。许多鸟类特别是小鸟都爱吃蜘蛛。割草蛛的腿很长，且每个方向上都长着腿，所以鸟儿在碰到它的身体前会先接触这些腿。当鸟儿叼住其中的一两条腿时，这些腿立刻就会断掉，在鸟嘴里扭来扭去，让鸟儿不得不先去处理。等它搞定之后，蜘蛛早就跑了，而断腿不久后又会重新长出来。

　　昆虫中的螽斯也长着非常容易断的腿。凡是抓过螽斯的人都清楚，很难抓到一只后腿健全的螽斯。而且易断的只是用来跳跃的后腿。当螽斯停下来时，它的后腿弯成两个尖角，高高地耸立在身体上方。因此，捕捉螽斯的鸟儿首先会叼住它的后腿；后腿立刻断开，螽斯便趁机躲了起来。然而在这种情况下，断掉的腿是长不出来的，所以断腿的螽斯一辈子都是个"残疾虫"了。这样看来，断腿的能力似乎对螽斯并没有什么好处。其实好

————
① 学名盲蛛，但为了与下文的某些讨论呼应，这里采用了直译。

处还是有的。螽斯的成虫寿命很短：有的种类只能活两周左右，有些甚至更短；因此，用腿的代价换取性命，尽管只有一次这样的机会，对它来说也是意义非凡。只要捡回这条命，它就多了一次机会去产卵繁殖，这对于种族的存续来说也就够了。只要产下了卵，螽斯便死而无憾，也不会损害种族的利益了。

42.宽喉咙

———

　　如果你的饲养箱里有蛇，比如说游蛇或蝰蛇①，那可别错过观察它们吞咽食物的机会。游蛇可以喂比它本身还要粗两倍到三倍的活青蛙，而蝰蛇应该喂老鼠，因为蝰蛇不乐意吃冷血动物。游蛇先是随便咬住青蛙的某个部位，再把青蛙的脑袋转过来对准嘴巴，可它嘴没法张到容下整个青蛙的大小。游蛇勉强把青蛙塞进嘴里，就像我们勉强把手指塞进新的羊皮手套里一样。它将牙齿嵌入青蛙的身体，然后移动嘴角，前面的牙齿略微向前移。它靠着这些牙齿固定住青蛙的身体，再把嘴张大到嘴角移动的位置，并把青蛙往嘴里塞。随后游蛇继续重复这个动作，最终整个青蛙都被大张的嘴包住了。蛇嘴能张得这么大，原因是嘴巴周围的骨头是可以活动的。下颚的两半骨头靠着能像皮筋一样伸缩的韧带连在下巴上，所以这两半可以相互分离，嘴巴的左右宽度便增加了。下颚也可以向下伸展，嘴巴的上下宽度便增加了；因此蛇嘴可以容下比蛇本身粗 3 ~ 4 倍的物体。猎物从嘴里进入消化道，消化道上布满了纵向的褶皱，所以也能变宽。当青蛙通过消化道时，你可以从外面看见蛇身上有个鼓起的地方，那就是青蛙所在的位置。胃的位置也能很清楚地看到鼓起。这整套吞咽操作要持续很长的时间：如果青蛙很大的话，就得花上约一个小时。

　　在蝰蛇身上，你可以观察到毒液对老鼠的作用。老鼠通常撑不过一分钟就会死掉。蝰蛇吞老鼠比游蛇吞青蛙容易多了，首先是因为老鼠的身子比较细，其次是因为蝰蛇把唾液涂在老鼠身上，唾液能降低吞咽的难度，

———

① 俄罗斯境内只有一种蝰蛇，极北蝰（Vipera berus），下文描述形貌时均指此。

蛇的吞咽。

且蝰蛇总是从头部开始吞，也就是顺着毛吞的。对付蝰蛇必须小心谨慎，因为它非常凶狠。游蛇可以直接上手抓，而蝰蛇非得用钳子夹不可。蝰蛇背上有一道弯弯曲曲的黑色斑纹，借此可以把它同游蛇区分开来。不过也有些蝰蛇是黑色的，背上的斑纹就看不出来了。所以就算没看到蛇背上有斑纹，也不等于说它就是无毒蛇。蝰蛇的脑袋是三角形的，与身体之间有一道窄窄的横断，而无毒蛇的头部与身体之间没有明显的分隔，所以脖子看起来不太明显。有意思的是，蝰蛇的毒液对刺猬无效，往养蝰蛇的饲养箱里放只刺猬就能证实这一点了。刺猬很轻松地解决了蝰蛇，碰巧胃口好的话，还会把它给吃掉呢。

43.在环境色的掩盖下

变色龙。

在蛙类中，林蛙可以在水族箱里过得很滋润。林蛙的脚趾末端长着皮质的小吸盘，它可以靠这种吸盘沿着垂直的玻璃、墙壁或光滑的叶面爬行。林蛙的背部是草绿色的，很像树叶的颜色，所以当它躲在绿叶中时，就算从近处也很难发现。

你可以用这种林蛙做一个有趣的实验。把几只林蛙放到单独的罐子里，再往罐底放一小块红砖，不要有其他任何东西，简单地说就是制造一个红色的环境；过了几天，你会发现林蛙开始从绿色变成砖红色了。当它们变红后，把砖块从罐里拿出来，换成一小截粉笔，你的林蛙就会逐渐变白，最后彻底变成了白色。要是你创造一个黄色的环境，它们还会变黄呢。

这种根据环境色改变体色是一种特殊的适应能力，多亏有了这种能力，林蛙不管在什么环境中都能保持隐蔽。要让林蛙模仿周边物体的颜色，就得让它看到这些物体才行。要是刺瞎它的眼睛，它就变不了色了。你也可以换个法子，设法粘住它的眼皮。如果粘住了一只眼睛，林蛙的半边身体就会保持变色能力，另外半边则保持不变，且眼睛与皮肤之间是交叉关系：要是粘住左眼，失去变色能力的就是右半边身体，反之亦然。

　　林蛙的变色能力与它皮下的一种含有色素的细胞有关。这种细胞就叫"色素细胞"，具有在通过眼睛获得的刺激下伸展或收缩的能力。色素细胞有好几层，每一层都有一种颜色。假设表层的色素细胞含有绿色素，深层的色素细胞含有红色素。在绿色的环境下，绿色细胞处于完全伸展的状态，所以它们之间没有半点缝隙，下面的红色细胞也就看不见了。在这种情况下，林蛙就是绿色的。要是把林蛙转移到红色的环境里，绿色细胞便开始收缩，它们之间产生了空隙，透过空隙可以看到下面的红色细胞。于是绿色的皮肤开始微微泛红，最后彻底变成了红色。几种不同颜色的组合下可以让皮肤产生不同的色调。当然，这种能力也不是毫无限制的。有些颜色林蛙是模仿不了的，还有些颜色它只能近似地模仿。

　　非洲有一种蜥蜴叫作"变色龙"，它的变色能力特别出名。变色龙不仅能根据环境的颜色改变体色，还能在刺激的作用下变色。要是用棍子戳戳它，它就会从青色一下子变成灰色或黄色，起初只是几个斑点，后来全身都变色了。中亚的沙漠中生活着一种很大的蜥蜴，它也有改变体色的能力，主要是喉部和胸部变色。正是由于这种能力，中亚居民还误以为它是变色龙，其实动物学上把它叫作"鬣蜥"。

44.小心，别碰我！

——

　　有一种非常小的蟾蜍——铃蟾，它的背部几乎是全黑的，腹部则满是鲜艳的橘色或近似红色的大斑点。铃蟾生活在沼泽水域的表面，到了春天的繁殖期，雄铃蟾便会发出"unk、unk"的叫声。伴随着"unk"声会有一道水波从铃蟾的喉咙传到水面扩散开来，这就说明它鸣叫时喉管壁会发生振动。不管是鸟还是鱼都不会吃这种蟾蜍，小青蛙是很多动物的食物，就连鸭子都常会把它捉去吃掉，但小铃蟾却是谁都不会碰。

　　如果可能，可以试着将铃蟾养在有水生植物的水族箱里，铃蟾很容易产卵，很快就会孵出许多像小鬼一样黑不溜秋的小蝌蚪。要是把这些蝌蚪放进养鱼的水族箱里，鱼先是会咬住它们，但立刻就吐了出来。很明显，就连铃蟾蝌蚪也是不能吃的。之所以不能吃，是因为它的皮肤上有许多能分泌刺激性液体的腺体。铃蟾一生的大部分时间都在水里度过，所以能成为其大敌的基本都是水生动物，特别是鱼类。为了让鱼类把自己同其他能吃的蛙类区分开，防止鱼类威胁自己的生命，铃蟾的肚子上才有了鲜艳的橘色斑点。为什么要在肚子上呢？因为这种蟾蜍主要生活在水面，鱼类可以从下面看到它的肚子。

　　铃蟾有时也会跳到陆地上，尽管只在潮湿的地方活动。一旦到了陆地上，它的彩色肚子自然也就看不见了，万一再遇到试图捕杀它的动物，它似乎就没法警告对方自己有毒了。然而，你可以自己看看铃蟾在这种情况下会如何行动。从水族箱里抓只铃蟾放到地上，然后假装要伸手去抓它。铃蟾先是试图逃避躲藏，但后来发现这没用，便像条狗一样蹲坐在地上，开始把胸膛鼓得大大的，而它的胸膛和肚子上一样都有橘色的斑点。铃蟾的这种行为只能作此解释：它想把身上的毒性标志展示给掠食者看。它仿佛在通过这种行为发出警告："小心，别碰我！"

45.蟾蜍

———

蟾蜍在饲养箱里过得很滋润。你可以根据那疙疙瘩瘩的皮肤把它和普通的青蛙区分开来。蟾蜍的双眼后方各有一个大疣子，就像是由几个小疙瘩拼成的。它的身体又短又粗，很不灵活；四肢很短，所以蟾蜍的跳跃能力很差，更喜欢用四肢爬行。我们这儿主要有两种蟾蜍：绿蟾蜍和灰蟾蜍。绿蟾蜍的背是浅绿色的，带有深绿色的斑点。灰蟾蜍是灰色或灰褐色的，体形比绿蟾蜍大得多。有的蟾蜍甚至能长到巴掌大小。养蟾蜍的饲养箱里得有个白天能躲避的地方；它们晚上才出来觅食。

民间有种观念，认为用手抓蟾蜍会让手长疣子。这种观念是错误的，用手抓蟾蜍根本不会有什么后果，除非你手上有伤口或大的擦伤。要是把蟾蜍抓在手里，你的手就会变湿。这是由于蟾蜍的皮肤会分泌刺激性的液体。这是由长在疙瘩顶端和眼睛后面的疣子上的腺体分泌出来的。这种液体是一种自卫手段。不管是鸟类还是其他动物都不吃蟾蜍，正是因为它们具有毒性。如果把这种液体注入狗的皮下，狗就会被毒死。有些没经验的小狗会把蟾蜍叼在嘴里，但马上就会吐掉。毒腺分泌的液体还会令黏膜中毒，不小心进入眼睛里就会让眼睛生疼，进入手上的伤口也是一样。但要是没有伤口和擦伤的话，蟾蜍就没什么威胁了。

民间不喜欢蟾蜍，但凡有人在路上看到蟾蜍，都觉得该把它一脚踩死，起码得朝它扔块石头。然而这种态度是完全没有道理的。蟾蜍的确长得很难看，但益处非常大。它们胃口很大，以昆虫为食，而大多数昆虫都对农业有害。在德国，人们要是在街上看到了蟾蜍，就会把蟾蜍装在帽子里带回自家花园。白天里，蟾蜍藏在石头下或其他可供躲避的地方，到了晚上便爬出来，去花园或菜园里捉虫子吃。至于蟾蜍是怎么捕虫的嘛，你可以在饲养箱里观察，用细长的棍子夹只大苍蝇或蚯蚓，把食物凑到蟾蜍的鼻子跟前。只见它立刻张开嘴巴，弹出前端固定在嘴里的舌头，用舌头把猎物捉住了（见图）。

蛙类的舌头，平静时和弹出时的位置。

46.青蛙雨

————

　　夏天大雨后，园子里的小路上会冒出许多小小的青蛙，其中不少是些年幼的绿蟾蜍。民间有一种观念，认为这些小青蛙是随着雨点从天上掉下来的。这种观念当然是错的。蟾蜍只有晚上才活跃，部分原因是它们忍受不了晴朗白天的干燥空气。白天里，它们躲在石头下、板子下或小洞里。等天下起了大雨，这些藏身处全灌满了水，蟾蜍只好不情愿地爬了出来。

　　不过，青蛙或其他动物随着雨水从天而降，这种事还真没表面上看得那么荒唐。我们知道，海上经常会发生所谓的"龙卷风"：低空的云层吸起了水柱，水柱在海平面上移动，等上岸后便消散了。和水柱一起被吸到空中的还有各种海洋动物，等水柱消散之后，它们便从天上掉了下来。龙卷风也可能出现在陆地上，这时它吸收的是沙子，同时也吸走了一些陆地动物。这类"动物雨"的例子可以举出很多。在英国的一场风暴中，天上突然下起了鲑鱼和螃蟹。1814 年，乌克马克①下了一场由狗鱼、鳟鱼和刺鱼组成的大雨。1890 年，瑞士纳沙泰尔州②的风暴带来了许多活毛毛虫。当地有座占地数里的山丘，整个山上都掉满了这些小虫子。据说在一场特别猛烈的风暴中，天上甚至有几只猫在飞，它们哀怨地喵喵直叫，把当地居民给吓得不轻。

————

① 德国东北部地区。
② 瑞士西部地区。

47.皮肤呼吸

————

　　俄罗斯最大的蛙类是欧洲水蛙，它很容易辨认，背上有一道浅色的纵向斑纹。雄蛙的头部两侧各有一个小泡，当呱呱叫时可以起到共鸣器的作用，鼓起来把声音放大。你可以用这种青蛙做个实验。抓一只欧洲水蛙，打开它的嘴巴，用镊子夹住喉管的开口，再用剪刀剪开边缘，这样就能用镊子把喉管和肺一起取出来了。把手术后的青蛙放回饲养箱。要是饲养箱里有水的话，这只没有肺的青蛙还能活下去，说不定还活得挺久。这表明青蛙是可以通过皮肤来维持呼吸的。它的皮肤又薄又滑，连通着一条特殊的血管，其运输的几乎完全是静脉血，因此得名"皮动脉"。空气里或水里的氧气透过皮肤与血液结合，血液中的二氧化碳通过同样的途径排到外面。

　　现在请你再找一只差不多同样大小的欧洲水蛙，把它完好无损地放在空气干燥的地方，哪怕是房间里也行，结果它顶多活一天就会死掉。它之所以会死，是因为皮肤在干燥的空气中也会变干，失去了透过氧气的能力，皮肤呼吸便停止了，青蛙也就被憋死了，尽管它的肺完好无损。这个实验说明，欧洲水蛙的皮肤呼吸比肺呼吸更重要。有些种类的蝾螈（同样属于两栖类）根本就没有肺，所以只能靠皮肤呼吸。

48.如何自制水族箱

————

可以用普通的玻璃圆罐自制水族箱，但这种罐子通常都不够大。另外，当你透过玻璃去观察水族箱里的生物时，罐子的曲面会歪曲它们的形状。不过，不少实验是需要小水族箱的，这时用玻璃罐来制作就完全没问题了。好的水族箱应该有平滑的玻璃壁，并且箱体通常是四边形的。这种水族箱想自制也没问题，但做起来比买现成的要贵得多，质量也不如现成的好。便宜的水族箱是用普通的厚玻璃做成的。有的水族箱用镜子的玻璃制作，这一种尽管要贵得多，但质量也好得多。

当你搞到罐子或空水族箱后，你就可以着手往里面引进"居民"了。首先得把它洗干净，然后得在箱底撒满大粒的河沙，这些沙子要用水洗5～6次，直到洗沙子的水变得清澈透明为止。长期使用的水族箱里一定得有水生植物。为此，在水族箱里养伊乐藻是个很好的选择。要是搞不到伊乐藻的话，也可以种植杉叶藻，这种植物在静水里很容易找到。实在不行的话，也得有沼泽中大量生长的那种绿色水草。伊乐藻有根，要把它的根埋在河沙里。本书后面会介绍一个实验，你可以从中了解到植物对水生动物的意义。

如果你的水族箱足够大的话，就可以在中间放一座凝灰岩的假山，在假山顶上用小花盆养一株喜欢潮湿的植物。最适合在水族箱里养的是莎草。水得用橡皮管加进去，并让水流沿着箱壁流入。有了这种预备工作，箱底的沙子就不会被冲开，水也就不会被搅浑。要是没有橡皮管的话，就得在箱底放个盘子或小碟子，用杯子往箱里倒水，倒在盘子上。不过，即使有了这么多的准备，起初还是可能把水弄浑，但只要让水静置一两天，它就会变得非常清澈。然后就可以把鱼或其他动物放进去了。

不同的水生动物需要不同的饲料，后面会在这些动物的相应实验中具体说明。只需注意一点：不能往水族箱里扔太多饲料，投放"居民"能很快吃掉的分量即可。剩下的食物得立刻清理掉，否则会令水质变差，害死水族箱里的所有居民。不可以喂面包，因为面包很容易把水质搞坏。

水族箱必须定时清洗。先用干净的抹布擦拭玻璃的内表面，因为这上面最容易积聚黏液或绿霉。然后清理掉箱底堆积的垃圾。为此得拿条橡皮管来进行虹吸。把管子的一头放进水里，另一头放在比水族箱低的位置，然后从管子里抽出空气，水就会顺着管子流出来，所以得先准备个水桶来接水。你可以把放在水族箱里的一头靠近箱底，这样水就会把水底的垃圾一起吸出来。除了倒掉旧水，还得加进新鲜的水。要是水族箱里的植物足够多，且水族箱本身足够干净的话，就不必换掉所有的水，只需把干枯或清洗时被弄死的植物换掉就行了。

除了大水族箱，还得准备一些不同大小的普通玻璃罐，用来进行各种实验。

49.水生动物呼吸的是什么？

　　这里我们要问的不是水生动物用什么器官呼吸，而是它们呼吸的是什么气体。我们知道，呼吸的实质是身体与外界的气体交换。空气中或水中的氧气在呼吸器官中与血液结合；血液将氧气输送到身体的各个部位并与那里的碳结合；产生的二氧化碳通过血液和呼吸器官排出体外。而动物吸入的具体是哪种氧气呢？就陆生动物而言，这一点是没有问题的。大气中有自由的氧气，也就是不与其他简单物质进行化学结合的氧气。水里的情况就不同了。我们知道，水是由两份氢气和一份氧气组成的[①]。莫非它们吸入的正是这组成水的氧气？如果真是这样的话，水就会在动物的呼吸作用下分解了，而现实中并没观察到这种情况。单是这一点就足以表明，水生动物吸入的并不是组成水的氧气。那到底是什么氧气呢？你可以自己做个实验来搞清楚。

　　往锅里倒点水，开始加热。离沸腾还有很久呢，水中就开始冒出某种气体的小气泡。这种气体正是溶解在水里的氧气，就跟溶解在塞尔查水[②]里的二氧化碳的情况一模一样。水加热时温度越高，溶解在水里的氧气就越少；而沸水里根本不剩半点氧气。待水沸腾后把它放凉，然后往水里放一尾小鱼，你会发现小鱼很快就死了。它是窒息而死的。要是让这些水（特别是盛在平坦的容器里时）静置一会儿，空气里的氧气便会重新溶解在水里，水里就又能养鱼了。为了加速氧气的溶解，应当让水在不同容器间流

———

① 准确地说应该是：水分子是由两个氢原子和一个氧原子结合成的。用氢气和氧气化合成水时，二者的比例即为 2 : 1。
② 一种产自德国的矿泉水。

动，能从高处往下倒更好。下落的水流吸收了氧气，令水变成了饱和状态。

　　要是水族箱里的水生动物太多，就得用吹泡器来保持水的新鲜，也就是往水里供应氧气并排走二氧化碳。吹泡器是一种通过橡皮管和多孔的石头将空气通入水里的机器。由此可见，水族箱最好不要太深，但要有比较大的水面，也就是要宽一点，因为这样水更容易吸收空气里的氧气，也更容易排出二氧化碳。

50.植物与动物

———

人人都知道，动物从空气中吸收氧气，并排出二氧化碳，而植物则恰恰相反，可以吸收动物不需要的二氧化碳，并排出动物所需的氧气。这种互利也可以解释这样一个事实：尽管动物和人类自古以来就一直在排放二氧化碳，大气中的二氧化碳含量却基本稳定。这一点在理论上是很好懂的，而在水族箱里，动植物间的互利关系还能很简单地用实验证明。拿两个用透明玻璃做成的形状相同、大小相同的罐子，往里面倒入相同体积的水，其中一个罐子里多放点水生植物，比如说水草或杉叶藻；往两个罐子里放入相同数量、相同大小的同种鱼类，在水面上倒一层薄薄的油，比如说葵花籽油，再把两个罐子并排着放到阳光充足的地方，比如说窗台上。油层会阻止二氧化碳从水中逸出，也会妨碍水对空气中的氧气的溶解，所以鱼只能利用水里的氧气，而植物只能利用动物呼出的二氧化碳。这就形成了一个不受外界影响的封闭的小环境。

第二天，你会发现没有植物的罐子里的鱼都死了，而有植物的罐子里的鱼还活着。鱼之所以会死，是因为水中的氧气被呼吸完了，呼吸时排出的二氧化碳恶化了水质，令水变得不再适合呼吸了。在有植物的罐子里，二氧化碳被植物吸收了，植物又会排出氧气。

这个实验也可能失败：比如说，有植物的罐子里的鱼也可能死掉，但这是由于那些鱼可能本来就不太健康。必须小心地处理这些鱼，把它们移进罐子时不能直接用手抓，得用小网子才行。

你还可以用这两个罐子做另一个实验，准确地说是把第一个实验稍微变变样。还是按前面说的办法进行实验，但不要把罐子放在阳光充足的地方，而是白天都照不到光线的阴暗角落。你会发现，有植物的罐子里的鱼也会死掉。也就是说，暗处的植物对动物没有任何好处。可见植物只能在有光照的条件下吸收二氧化碳并排出氧气。

51.蛙卵

——

　　对水族箱的爱好者来说，恐怕没有什么事能比孵化蝌蚪更有乐趣了。你可以在早春的沼泽、池塘、草地或水沟里找到蛙卵。一粒蛙卵就像一个黑黑的小球，跟胡椒差不多大小，表面有厚厚的透明黏液外壳。许多蛙卵靠着这个外壳粘在一起，形成长长的线状或团状。蛙卵必须和水一起舀走，放在植物较多的水族箱里。蛙的种类不同，水温不同，蛙卵中孵出蝌蚪的时间也不同，但一般不会超过两个星期。起初蝌蚪什么都不吃，然后开始啃食植物。蝌蚪在野外也是主要吃植物性食物，但也吃小肉块。对爱好者来说，了解自己找到的蛙卵属于哪一类是很有意思的。要确定蛙卵的种类（见图），可以参考下页的表格：

　　　　　　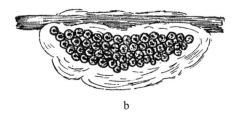

a　　　　　　　　　　　　　　　　b

a. 蟾蜍卵　　b. 青蛙卵。

1.蛙卵聚成长线状。		
A.	蛙卵聚在一条又粗又长的线状黏液质里，形状不规则，也就是没有规则排列。	欧洲林蛙或锄足蟾
A₂.	蛙卵聚在两条又细又长的线状黏液质里。	
B.	蛙卵形成的线不长，而是松散地漂在水里，其中的蛙卵排成3～4列；或者线很长，其中的蛙卵排成2列。	灰蟾蜍或绿蟾蜍

2.蛙卵单独存在，也就是说没有靠黏液质相连，或者聚成团状而非线状。		
C.	蛙卵聚成几个很大的球状团块。	
D.	蛙卵（含黏液外壳）直径3～4毫米，胚胎略呈黄色。	林蛙
D₂.	蛙卵（含黏液外壳）直径7～10毫米，胚胎呈灰色或略呈黑色。	欧洲水蛙
C₂.	蛙卵单独存在，或者聚成小团，每个小团里不超过2～12个。	铃蟾

52.水量的影响

在小水族箱里，蝌蚪尽管也能长大，还能长出四条腿，但通常完成不了整个发育过程，不管你喂它们多少东西都没用。它们需要一定的空间或水量。你可以用以下实验来证明这一点。拿三个一样大小的罐子，在里面灌上等量的水，再往每个罐子里放数量大致相同的水生植物，但第一个罐子里养2条蝌蚪，第二个养6条，第三个养14条，且都是相同品种的蝌蚪。把三个罐子并排放在明亮的地方，确保里面的生活条件都一样，只有"居民"的密度除外。

大约两个月后，结果就非常明显了。只有2条的罐子里的蝌蚪长得最大；有6条的罐子里的蝌蚪明显要小得多，而有14条的罐子里的蝌蚪就更小了。由此可以得出结论：蝌蚪要长得好就需要一定的水量。要是没有足够的水量，它们就长得很差。尽管三个罐子里的水量都一样，但平摊到每条蝌蚪身上的水量并不相等，平均水量越多，生长状况就越好。不过，这个水量也是有限度的，超过限度的水量就不会影响到生长了。不管怎么加水，蝌蚪还是以原本的速度生长。这个水量叫作"最佳水量"。如果蝌蚪享用的水量太少，它就永远都长不到正常的大小。生长对水量的依赖关系也能在其他水生动物身上观察到，比如鱼类、潮虫和水生蜗牛等。

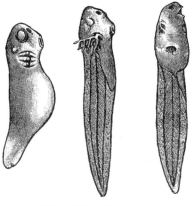

蝌蚪发育前期的三个阶段。

53.狗鱼对鲫鱼有什么好处？

———

　　俄罗斯（特别是南俄）的塘主喜欢在池塘里养鲫鱼。有些池塘里满是鲫鱼，但个头儿都很小，几乎没什么价值。这些鲫鱼长不大的原因跟水族箱里的蝌蚪长不大的原因一样，都是因为环境太拥挤了。水族箱里可以养鲫鱼和鲤鱼之类大鱼的鱼苗，可不管你怎么喂，它们都长不到应有的大小，这正是因为享用不到需要的水量。而池塘里要是鲫鱼太多，平均到每条鱼的水量太小，它们也都长不大了。往池塘里放条狗鱼，它便开始捕食鲫鱼，鲫鱼的数量一减少，平均到每条鱼的水量增加，它们就会长大了。有经验的塘主正是这样做的。

54.食物的影响

────

　　人人都知道，肉类比面包、蔬菜等植物性食物更有营养。但这一点我们大多是听医生说的，而医生是从书里读来的；恐怕没有哪个医生亲自用实验去验证过吧。而你可以自己拿水族箱来做个实验，便能很清楚地看出医生说的毕竟还是对的。拿两个相同大小的罐子，在里面装上相同体积的水和相同数量的同种蝌蚪。罐子里不能有植物。要是蝌蚪透不过气，可以在水里装个吹泡器，但只要罐子里的水面足够大，就不需要吹泡器了。给一个罐子里的蝌蚪喂植物，可以是树叶、生菜、卷心菜和水藻等，给另一个罐子里的蝌蚪喂肉。过了一个月左右，你会发现吃肉的蝌蚪至少能长到吃素的蝌蚪的两倍大，有时甚至是三倍大呢。

55.挨饿的影响

_____

挨饿对人和家畜的影响是人人都知道的。但挨饿对蝌蚪还会产生一种特殊的影响。是什么影响呢？你可以用下面的实验来验证。拿两个相同大小的罐子，要让蝌蚪有足够的空间。在每个罐子里养相同数量的蝌蚪，但数量不能太多；每个罐子里两三条就行了，里面不能有植物。给其中一个罐子的蝌蚪喂各种食物，可以是植物，也可以是肉；让另一个罐子的蝌蚪挨饿。要是它们的状态太差，也可以偶尔给它们一点儿食物。养的蝌蚪必须是相同年龄，不能太小，最好是开始长出后腿的蝌蚪。按照一般的预期，食物丰富的蝌蚪应该比挨饿的蝌蚪更快变成青蛙，然而事实恰恰相反：挨饿的蝌蚪更快完成了变态，特别是尾巴很快就被身体吸收掉了，但它们却不再生长了，变成青蛙后还是小小的。

这个实验表明，在不良的营养条件下，肌体会加速完成发育周期，以便尽快达到成熟阶段并获得繁殖的能力。具体来说，挨饿的蝌蚪是靠自己的尾巴来过活的。有些粗制滥造的课本会说它的尾巴脱落了，但其实不是这样，而是被消化了。白细胞分解了尾巴的组织细胞，将其运送到体内，充当本体的食物。如果蝌蚪食物充足，白细胞就不会急着完成这项工作；而在挨饿的情况下，蝌蚪的肌体可以说是靠"吃尾巴"来过活的。

有一种很小的动物叫作"水螅"（见图）。你可以在池塘里的水生植物（特别是浮萍）叶片的下表面上找到它。水螅形状就像小袋子，大小跟一粒小米差不多，袋子的边缘上长着几条触手，它用这些触手捕捉小型动物并将其送入袋腔消化。水螅可以养在能装几杯水的小罐子里。试试看让它挨饿。随着挨饿程度加深，水螅的肌体变得越来越简单，触手消失了，身体结构变得跟幼虫时的结构差不多。这样看来，成年水螅的肌体仿佛因为挨饿而变回幼年了。因此有的动物学家认为这种简化是肌体变年轻的表现。如此说来，动物挨饿还能返老还童了？其实根本就没有什么返老还童，不过是简化罢了。为了活下去，肌体会牺牲一些用处最小的身体部位，只保留最关键的部分。它可以说是开始"自己吃自己"了，只不过是从最次要的部分开始吃。这种自我消化肯定会引起简化，而水螅的简化进行到最后，就只剩下幼体的结构了。

水螅。

56.水螅

————

　　水螅是一种顶顶有趣的淡水动物。尽管总是待在同一个地方，它也会表现出动物的特征：它会摇晃自己的身体、特别是触手。水螅用触手捕捉从身边游过的猎物，再把食物送进嘴里，也就是肠道的开口。你可以在水螅身上观察到一种非常有趣的繁殖方式，很像植物的繁殖（确切地说是增殖）。这种方式叫作"出芽生殖"。水螅的身体上出现一个小疙瘩，然后不断长大，很快就变成了一只新的水螅。新的水螅可能会离开母体，但也可能继续连在一起，保持一段时间。而水螅最有趣的特点是能够重新长出失去的器官。你可以把它的触手全剪掉，不久后又会重新长出来。所以这个人畜无害的小动物才被人叫作"九头蛇"。九头蛇是神话传说中的一种怪物，它有很多个脑袋，要是脑袋被砍了下来，又会从原地长出一个新的[①]。可以用水蚤、剑水蚤或者是小肉块喂水螅。

————

① 这个传说见于古希腊神话故事"赫拉克勒斯十二奇功"。英雄赫拉克勒斯受命剿除为害一方的九头蛇（又译"海德拉"），最后利用火把烧灼伤口阻止再生，成功将其斩杀。

57.水温的影响

――――

　　下面我们做几个关于温度影响的实验，准备两罐水，其中一个罐子的水温不得超过 25℃，另一个罐子的水温保持室温就行了。每个罐子里放入相同数量的同种蛙卵；水里必须有水生植物，因为发育中的蛙卵同已出生的动物一样，都得有氧气才能活。要过多久才会孵出蝌蚪呢？这个倒不好说，因为不清楚蛙卵是什么时候产下来的。但不管怎样，温水罐里的蝌蚪应该会比冷水罐里的蝌蚪更早出生。以前也有人做过类似的实验，发现在 10.5℃的水温下，刚产的青蛙卵过 21 天会孵出蝌蚪，而在 15.5℃下，只过 10 天就会孵出来。

　　在相同水温下孵出来的蝌蚪身上，你可以证明其发育速度随着水温的上升而加快——不过，只是在一定的温度范围内。最适合蝌蚪的温度是 25℃。在这个温度下，它一昼夜间的生长程度比得上 16℃下两天的生长程度。北方常有这样的事：青蛙产卵的时间较晚，所以蝌蚪孵化的时间也比较晚，那时的水温已经不高了。因此，它们来不及在同年夏天里变成青蛙，便进行冬眠。冬天里，蝌蚪的生长和变态都停止了，直到下一年春天才重新开始。

58.蝾螈

————

　　蝾螈也能给水族箱的爱好者带来不少乐趣。这是一种长得很像蜥蜴的小动物，但身体构造上更接近青蛙。它跟青蛙一样，长着裸露的黏糊糊的皮肤；它卵里孵出的是用鳃呼吸的幼体。尽管成年的蝾螈用肺呼吸，但它一生的多数时间都在水下度过，这从它那光滑的桨状尾巴上就能看出来。春天里，雄蝾螈背上会长出一条高高的皮脊，到了繁殖期结束时便会消失。蝾螈在沼泽里生活，在很多地方都很常见。可以喂它们小蠕虫、生肉或孑孓，总之就是各种各样的动物性食物。为了让它们能不时爬到陆地上，必须在水族箱里放一块顶端凸出水面的凝灰岩。我们这儿有两种蝾螈。一种叫小蝾螈或普通蝾螈，体长不超过9厘米，背部略呈褐色，带有黑点，腹部为黄色，带有小黑点；背上有一条纵向的皮脊，上面长着小小的锯齿。大凤头蝾螈可达15厘米长；背部几乎全黑，腹部为橘黄色，带有鲜明的小黑点，繁殖期间有一道长着大锯齿的高皮脊。等繁殖期过去后，这两种蝾螈的皮脊都消失了。繁殖期间的雄蝾螈比其他时候的颜色更鲜艳。雌蝾螈的泄殖腔的边缘更突出，看上去好像有点儿肿，可以靠这一点把雌雄蝾螈区分开来。

　　春天，你可以观察水族箱里的蝾螈的繁殖。蝾螈的受精方式与其他动

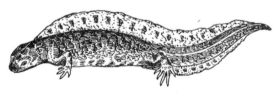

春天的雄性小蝾螈。

物都很不相同。它们是体内受精，但实现方式非常特别。雄蝾螈从泄殖腔中排出透明的凝胶袋状物，里面含有精子。这些袋状物附在水生植物的叶片上。雌蝾螈找到袋状物后，便用泄殖腔的边缘把它们夹住。精子具有活动性，所以能穿过雌蝾螈的输卵管，最终与卵子结合。

59.新的腿

————

　　你可以用蝾螈做以下的实验。用剪刀剪掉它的一条腿，最好是前腿，但也可以是后腿，再把它放到水族箱里。过了几天，断腿开始重新生长，同年夏天就彻底长好了，骨头、肌肉、血管和脚趾一应俱全。这种修复丢失的器官的能力称为"再生"。再生是低等动物特有的能力，动物的身体构造越高级，再生的能力就越差。人类只有个别组织能够再生，比如皮肤组织、肌肉组织和神经组织；而蝾螈连眼睛的晶状体都能再生。你可以把它的尾巴移植到其他部位，比如说背上；为此只需在它背上开个小口，把尾巴缝上去就行了。甚至可以把断腿接在肚子或喉咙上。类似的实验你也可以在青蛙身上做。青蛙的前腿要是被切掉了，就会在原处长出一条新的。如果切割时损伤了上肢带，也就是前腿骨所依附的那几块骨头，那就会在原处长出两条乃至三条腿来。

60.美西螈是怎么变成钝口螈的

——

　　美西螈可以在卖水族箱和水族宠物的商店里买到。它跟蝾螈很像，但比蝾螈大得多，通常能长到约 20 厘米长。此外，美西螈终其一生都保存着鳃，它的鳃就像两丛灌木一样凸出在头部两侧。这种动物原产于美洲，但在我们这儿的水族箱里也过得很好，繁殖起来也很容易。人们早就知道，美西螈的身体构造会在某种尚不清楚的条件下发生显著的改变，变成另一种同样是生活在美洲的野生动物，叫作"钝口螈"。这种转变表现在：美西螈的鳃消失了，就跟幼蝾螈变为成年蝾螈的情况一样。此外，它的皮肤上出现了鲜艳的斑点，平滑的桨状尾巴变成了有点圆的尾巴。这样看来其实已经很清楚了：美西螈不过是钝口螈的幼体而已，但这是一种具有繁殖能力的幼体。值得注意的是，钝口螈本身是无法繁殖的。以前，人们还认为很难让美西螈在水族箱里变成钝口螈，以至成功实现这一目标的观察者都觉得应该在杂志上公布自己的成果。但后来人们发现了一种新的办法，能很轻松地让美西螈变成钝口螈。为此必须喂它公牛或公羊的生甲状腺。这种甲状腺可以从屠夫那儿订购，也可以用所谓的"甲状腺碘质"代替。这是一种用甲状腺制成的药剂，药店里就能买到。甲状腺碘质呈粉末状，需要和肉类一起喂食。把肉切成薄片，撒上 0.02 ～ 0.05 克甲状腺碘质，再把肉片卷起来，用镊子夹着整块喂给美西螈。这种药剂每天给一次，不要喂别的食物。过了 5 ～ 6 个星期，美西螈就会变成钝口螈。不过，非常小的美西螈就不会发生变化。

美西螈。

甲状腺在动物的生活中有着非常重要的作用。一般认为，水族箱里的美西螈之所以不能变成钝口螈，是因为它们的甲状腺发育不足。要是人类的甲状腺过于发达，就会导致一种叫作"甲状腺肿"的病态。这表现为脖子上形成一个大肿块，甚至能长到人的脑袋那么大。甲状腺功能低下会导致一种叫作"黏液性水肿"的疾病。这表现为皮肤下淤积着大量黏液，最后往往会致死。要是甲状腺的功能低下发生在幼年，患病的儿童就会变成弱智（呆小症）。最后，这个腺体还具有某种神奇的性质，能把美西螈变成钝口螈。如果把猴子或羊的甲状腺移植给患者，甲状腺肿（甚至是呆小症）都能得到治疗。

61.组合蛙

────

　　在水族箱里养几只不同种类的蝌蚪，比如说欧洲水蛙、林蛙和铃蟾的蝌蚪。等蝌蚪刚从卵里孵出来时，拿两只不同种类的蝌蚪，用剪刀小心地把它们横着剪成两段，再把一只蝌蚪的前段与另一只的后段拼在一起。这个操作可以用细镊子在水里进行。两段身体会长在一起，形成一只组合的蝌蚪。这里无须用针线缝合，只需把两段身体按在一起固定住，直到它们接合为止。这个实验可能没法一次成功，但只要坚持不懈，最终还是能让它们组合的。波恩把普通青蛙与铃蟾的蝌蚪拼在一起，但这只组合蝌蚪没能长成青蛙。哈里森[①]则拼合了两种赤蛙的蝌蚪，且成功地让它长成了组合蛙。它的前半部分属于一种青蛙，后半部分属于另一种。你也可以试试把欧洲水蛙和林蛙，或者绿蟾蜍和灰蟾蜍的蝌蚪组合在一起。

────

① 罗斯·格兰维尔·哈里森（1870 ~ 1959），美国生物学家、胚胎学家、医学家。

62.什么是受精？

为了让接下来几个关于青蛙的实验更好理解，就必须了解受精现象的本质。

卵子是一个由原生质和细胞核组成的真正的细胞。它的原生质叫作"卵黄"。胚胎的身体便是由这卵黄形成的。但卵里还有一定数量的特殊卵黄，作为发育中的胚胎的营养储备。这种所谓的"营养卵黄"令卵子的体积变得很大。而雄性动物的体内会产生所谓的"种子"或"精子"，也是由原生质和细胞核组成的，但里面没有营养储备，所以它们都是在显微镜下才能看见的大小。与一动不动的卵子不同，精子可以自行移动，改变位置，它们的长尾巴就是为了派上这个用途。精子只能在液体中移动。带着长尾巴的精子看上去就像小蝌蚪。青蛙精子的头部有一个特殊的尖端，它能帮精子穿过包裹着卵子的黏液，从而渗入卵子内部。受精其实就是卵子与精子的结合，且二者的细胞核会融成一个新的细胞核。在水里受精的卵子叫作"水生卵"。排水生卵的动物有鱼类，还有青蛙，青蛙卵和鱼卵的情况一样，都是在水里同精子结合的，受精后的卵子便开始发育，也就是逐渐变成了胚胎。

63.卵的发育

———

为了理解接下来要介绍的青蛙实验，我们还得了解一下卵变成胚胎的过程。

如前所述，卵是一个单独的细胞，而胚胎是由许多细胞组成的。很明显，发育的实质就在于卵细胞分裂成多个细胞。这种分裂是按照以下次序进行的：首先出现一道隔断，把卵分为两半，且这个分裂以及接下来的所有步骤中都有细胞核的参与：先是细胞核分裂，然后细胞质再分裂。第二道隔断和第一道一样，也出现在卵的子午板[①]上，把原本的两半又各分成两半，这就形成了四个细胞。第三道隔断出现在赤道板上，在蛙卵中则是出现在一个与赤道板平行且更靠近某一极的平面上。它把四个细胞都一分为二，形成了八个细胞。

接下来的分裂就不那么有规律了，但结果还是会产生一大堆细胞。随后这些细胞按层分布，许多层细胞合起来形成了各种器官（见图）。

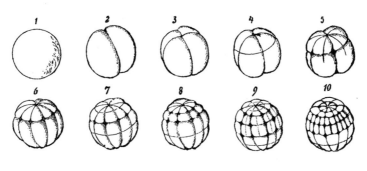

蛙卵的发育。

———
① 子午板与赤道板是细胞中的两个假想平面，相当于子午线和赤道在地球上的位置。

64.同一个卵的两条蝌蚪

————

　　掌握了上一节的知识后，你就可以着手用蛙卵和蝾螈卵做各种实验了。你需要刚生下来的蛙卵，才能观察到刚出现第一道隔断的发育阶段。这道隔断产生得很快，受精后不超过一个小时就会出现，所以你必须养一只能在水族箱里产卵的青蛙。青蛙会在早春时聚集起来产卵，到那时去抓两只也毫不困难。当然，你还得在水族箱里放只雄蛙。要辨别出雄蛙，可以看它前爪的大脚趾也就是第一个脚指头，上面的凸起比雌蛙脚趾上的更大。等青蛙产卵后就立刻把卵捞到水面附近，用放大镜观察第一道横断产生的情景。然后用勺子把蛙卵转移到小碟子里，再拿烧红的针烧灼卵的半边。烧灼会杀死一半的卵。接下来把残缺的卵放回有很多水生植物的水族箱，让它自由发育。卵中会孵出只有半边的蝌蚪，如果你烧的是卵的左侧就是蝌蚪的左半边，右侧就是右半边。这个实验最早是由德国学者鲁[①]做的，他根据实验结果得出结论：卵中含有未来胚胎预先长好的身体部位，也就是说，卵的某个部分一定会变成头部，另外的部分一定会变成腿，诸如此类。然而，如果你成功孵出了半边蝌蚪，请你试着把被针烧毁的半边卵从它身上扯掉，那么它的另外半边身体也会长出来，结果会长成一只完全正常的蝌蚪，但只有普通蝌蚪的一半大。由此可见，蛙卵里并不存在什么未来胚胎预先长好的部分。

　　现在请你试着把实验变变花样，等第一道隔断出现之后，用小剪刀或小折刀把卵的两半切开，把它们放到有水生植物的水族箱里，并与其他的

————
① 威廉·鲁（1850～1924），德国生理学家。

卵分开防止混淆。这样一来，卵的两半会各孵出一条蝌蚪，但只有普通蝌蚪的一半大。有人曾用海胆卵做了类似的实验，最后成功地把它分成了16等分；这16部分中的每一个都孵出了一只完整的小海胆，但体形非常微小。

这个青蛙实验为我们解释了人类的某些双胞胎的来源。人类的双胞胎有两种：同卵性和异卵性。同卵性双胞胎情况是这样的：刚产生第一道隔断的受精卵出于某些原因，比如外力的作用，裂成两半并相互分离，每一半都开始独立发育。于是每一半都会长成一个胚胎；这样形成的双胞胎源自同一个卵，所以他们往往特别相似，连他们的父母都很难分辨谁是谁，而且这种双胞胎的性别一定是相同的。而异卵性双胞胎源自不同的卵，那他们就不会长得很像，还可能是一男一女。

65.会筑巢的鱼

很多水域中都生活着一种小鱼，养在水族箱里也非常有趣。这种鱼叫作"刺鱼"。之所以叫这个名字，是因为它的背上有几根尖刺，竖起来时只有刺鱼自己才能收回去。这些尖刺的收回机制很像折叠式的猎刀，只有压住特殊的弹簧才能收起来。有一种刺鱼背上有三根尖刺，还有一种有九根。刺鱼的体长只有一寸左右。到了春天，雄刺鱼的颜色变得非常鲜艳，而且表现得特别好斗。所以不能把刺鱼同其他温顺的小鱼养在同一个水族箱里。你可以去抓几尾雄刺鱼和雌刺鱼，把它们养在有许多水生植物的水族箱里。春天，雄刺鱼会用草茎筑巢。它的巢很像暖手用的手炉。筑完巢之后，它就让雌刺鱼把鱼卵排到里面。要是水族箱里有好几条雌刺鱼，它就会再让三四条雌刺鱼做这件事。当巢里充满了鱼卵之后，它就往里面注入精液，也就是让鱼卵受精，然后长时间地守护在巢边。如果你在这段时间里用小棍去惊动它，它就会凶猛地向棍子进攻。在自然界中，雄刺鱼会攻击一切企图靠近巢的生物。鱼卵孵出小刺鱼后，雄刺鱼便会第一时间把它们赶进巢里过夜，直到小鱼变得结实为止。而雌刺鱼对自己的后代却是不闻不问。

三刺鱼。

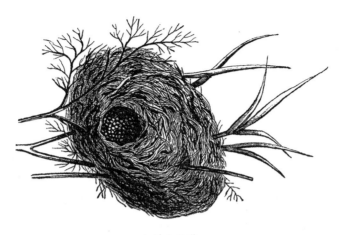

九刺鱼的巢。

　　鱼类的繁殖能力很强，所以它们大多对后代漠不关心。多数鱼类一次就能产下上万个卵，为了保证种族的延续，只要其中有两个卵能长成大鱼并留下后代就行了。就算是完全不照顾后代，也能有这么一小部分鱼卵长成大鱼。但雌刺鱼产的卵很少，每次大约只有 60 个，所以为了防止鱼卵全都丧命，雄刺鱼就得采取措施去保护它们。有意思的是，鱼类极少表现出对后代的关心，但在那为数不多的例子中，关照后代的都不是母亲，而是父亲。

66.鳑鲏

在水族箱里养鳑鲏也非常有趣，它丝毫不比刺鱼逊色。鳑鲏也是一种很小的鱼，体长约一寸，身体的形状很像小鳊鱼，和鳊鱼一样都有高凸的身体。鳑鲏还可以靠体侧线认出来，那是由两排小点儿组成的两道线条，长在它的身体两侧。大多数鱼类的体侧线都从头部延伸到尾鳍，而鳑鲏的体侧线也是从头开始，但还没到身体中间就消失了。刺鱼很难捕捉，而鳑鲏却不同，用普通的细网或薄纱就能捞到许多。它在水族箱里过得非常自在。请你把十来条鳑鲏放进水族箱里，再放一个我们这儿的河湖里都很常见的活的河蚌。找个大点的蚌，其贝壳的长度不能少于鳑鲏的体长。雄鳑鲏和雄刺鱼一样，到了春天会显出鲜艳的体色。繁殖期结束后，这种体色就消失了。产卵前的雌鳑鲏会长出长长的产卵管。它把产卵管伸入活蚌的贝壳间，把自己的鱼子生在那里。鱼子在河蚌的鳃室里孵化成小鱼，小鱼再从那儿游出去。

只要稍加注意，就能在水族箱里观察到整个过程。如果河蚌整个冬天都待在养鳑鲏的水族箱里，鳑鲏就会习惯它的存在，到了产卵季也对它视而不见。所以，这个河蚌必须等到春天再放进水族箱，一般是 3 月初，南方可以再早一点。雌鳑鲏春天开始长出产卵管，到产卵结束时便消失了。刚破壳的小鱼必须同大鳑鲏和其他鱼类分开，否则它们可能会被亲生父母给吃掉。

带产卵管的雌鳑鲏。

67.怎么让狗鱼不再捉鲫鱼

　　要实现这一点，就得有一个长条形的水族箱，可以用玻璃在中间隔成两半。要是水族箱中没有专门用来放玻璃板的插槽，你可以拿楔子插在玻璃板的边缘与水族箱壁之间，把它固定起来。就是在这样的水族箱里，著名的博物学家莫比乌斯①做了一个人人都能重复的实验。他在其中一半里放了几尾小鲫鱼，在另一半里放了一尾小狗鱼。玻璃在水里是完全看不见的，所以狗鱼总想冲过去捕捉鲫鱼，结果每次都撞在了玻璃上。狗鱼向其他鱼猛冲的速度非常快，撞上玻璃时自然会把鼻子弄得很疼。有时它甚至会被撞晕，但很快就醒了过来。吃了不少苦头之后，狗鱼终于确信捕捉鲫鱼只会以撞伤鼻子告终，便停止了这种尝试，也不再去理会那些鲫鱼。等这种情况发生后，莫比乌斯便取走了玻璃隔板，可狗鱼依然对鲫鱼不理不睬。

　　这个实验所有人都能做。但你也可以把它变变花样，用来搞清楚狗鱼的心理特点。举个例子，你可以试着改变一下方式继续进行实验：等狗鱼不再捕捉鲫鱼之后，把鲫鱼从水族箱里捞出来，换成与鲫鱼颜色不同的其他小鱼，最好是鲌鱼。鲫鱼是浅黄色的，而鲌鱼是银白色的。重要的是得搞清楚，狗鱼会不会去捕捉鲌鱼。如果会的话，就说明它能把鲌鱼和鲫鱼区分开。要是你的狗鱼捕捉了鲌鱼，就试着再放进去几尾鲫鱼。这回狗鱼依然是只挑选鲌鱼呢，还是说也会捕捉鲫鱼呢？对这些实验进行各种各样的修改，你就能得到了解鱼类心理，也就是其精神特征的良好材料。

　　① 卡尔·奥古斯特·莫比乌斯（1825～1908），德国动物学家，现代生态学先驱。

68. 泥鳅是怎么呼吸的？

——

泥鳅是一种体形很像鳗鱼的鱼类，也就是说，它身体的横截面几乎是圆的。泥鳅全身青黑色，有纵向的条纹，嘴巴旁边有十条胡须。我们把泥鳅叫作"扭扭鱼"，这是因为要是用手抓它，它头尾都会迅速扭动，一下就从手中蹿了出去[①]。在我们这儿，泥鳅是一种很常见的鱼，在水族箱里饲养也不难；只不过得给它准备一个专门的罐子，因为它非常喜欢乱动，容易惊扰别的鱼类，在钻沙时还会把水给搞浑。

如果你刚好养了泥鳅，请观察它半个小时左右。在多数时间里，它都待在水底，但不时会游到水面上吞咽空气。不久后，这些空气就从它的肛门里排出来，变成小气泡浮到了水面。对这些空气进行分析，便会发现其二氧化碳含量要远远比外界空气的高。这种气体的来源自然与消化过程无关。它产生的原因是：当空气经过泥鳅的肠道时，其中的氧气便会同肠壁血管中的血液结合，而血液中的二氧化碳则进入空气，被肠道排出去。换句话说，肠道里发生了呼吸过程。泥鳅的鳃非常小，所以才有了这种辅助呼吸的方式。

---

① 在俄语中，вьюн "泥鳅"一词来自动词 виться "扭动"。

69.肠虫是怎么呼吸的？

——

　　要呼吸就得有氧气，而人或动物的肠道深处又哪来的什么氧气呢？尽管如此，那里却生活着肠虫，有时还是相当大的肠虫。举个例子，寄生在肠道中的绦虫有时能长到两米多长。可所有动物都得呼吸，肠虫也不例外。呼吸是维持生命的能量来源，可以说呼吸和营养便是生命的全部实质。

　　就目前的科学认识而言，本节标题中的问题可以这样回答：肠虫能给自己生产氧气。它们将自己身体的一部分分解为缬草酸和氧气。缬草酸对它们来说是无用的，所以就被排到了寄主（人或其他动物）的肠道里，而氧气则用来呼吸。这种呼吸方式还能解释以下事实：要是小牛体内寄生了太多的蛔虫，它的肉就会散发出一股缬草酊的味儿。

70.在水底色的掩盖下

————

　　用简单的罐子做一个小水族箱，在水里撒些洗得干干净净的浅色河沙，等水变澄清后，往水里放一尾鲈鱼。由于这尾鲈鱼只是用来做一个很短的实验，所以体形比水族箱能正常容纳的体形大也没关系。第二天你会发现，鲈鱼变成了浅色。然后请你再准备一个相同的水族箱，往水里撒些不溶于水的黑色物质，最好是洗过的细小煤粉。把鲈鱼转移到这个新水族箱里，第二天它就几乎变成了黑色。遮住它的一只眼睛，把它放回原来的浅色底的水族箱，如果它还能活下来的话，与看得见的眼睛相反的那半边身子就会变成浅色。

　　要是你刚好住在有比目鱼生长的海边，就可以从渔民那儿要点小比目鱼来，这种鱼经常会被渔网捞起来。有时会见到硬币那么大的小比目鱼，甚至还有更小的。我们知道，比目鱼的身体是不对称的。它的两只眼睛都长在身体的一侧——右侧或左侧。无眼的一侧朝向水底，所以这一侧通常是白色的，而有眼的一侧朝上，一般是水底的颜色。有几种比目鱼能忍受盐度很低的水乃至淡水。把这种比目鱼放到光滑的玻璃容器里，调整容器的位置，使得容器底部有下方光照。为此可以把一张凳子倒置，在凳腿之间拉两条金属线或架两根木棍，然后把水族箱放在上面。这样一布置，比目鱼没有颜色的底侧也会受到光照。随着时间推移，底侧会逐渐变黑，最后变得跟顶侧一样黑，还会出现与顶侧相同的花纹。

　　奥地利的溶洞里有些大湖，湖里生长着各种各样的动物，其中有种很像美西螈的叫作"盲螈"的动物。它生活在漆黑一片的地方，所以眼睛几乎完全消失了，而且皮肤里没有形成色素。盲螈一般是略带粉色的白色，这是血管透过薄薄的皮肤显出红色的结果。也有不少人在水族箱里养盲螈，人们在饲养时发现，如果把它养在没有遮蔽的条件下，它的皮肤就会逐渐变黑，甚至会在一定程度上重新"长出眼睛"。

71.阿基米德定律与水生动物

我们知道，阿基米德定律说的是：放进水里的物体失去的重量等于它排开的水的重量[①]。水生动物的比重通常与它栖息的水的比重接近，所以这些动物在水里几乎没有重量，很容易支撑自己的身体。因此，水生动物可以长到对陆生动物来说不可想象的大小。动物界的巨无霸的确生活在海里，那就是鲸。众所周知，鲸其实是哺乳动物，因为它们用肺呼吸，体内是温血，用奶喂幼崽。某些种类的鲸可以长到20米长、100吨重。这样的庞然大物在陆地上根本就不可想象。到了陆地上，它就该被自己的体重压垮了，而现实中还真有这样的事。鲸以密集群聚在海洋表面的小型动物为食。它们还会追捕小鱼，在追逐鱼群的过程中，鲸有时会搁浅。要是搁浅发生在涨潮时，整条鲸到退潮时便完全躺在了陆地上。这时阿基米德定律就开始起作用了。鲸在水中失去的重量在陆地上成了巨大的劣势；它的肌肉开始不堪重负，血管被身体压扁，尽管它用肺呼吸，在陆地上也会很快死去。

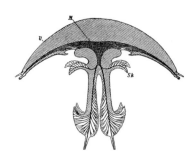

水母的纵截面。U—伞；M—胃；SK—触手。

---

① 准确地说应该是：浸入流体（包括液体）的物体受到的浮力相当于其排开的流体受到的重力。

　　你能想象一个乌鸦大小的陆地动物，身体全是由半液态的胶质组成的吗？如果这种动物真的存在，它的身体会在重力的作用下变成一摊烂泥。而在海里，这样的动物简直是数不胜数。黑海中生活着大群的水母，它们跟小碟子差不多大，有时能长到盘子大小。它们的身体是透明的胶质。水中的水母非常美丽，样子就像倒扣的茶杯或雨伞。可如果把这种动物抓在手里，从水里拿出来，它的身体便会四分五裂。被海浪冲上岸的水母也会瘫软而死。

72.总是背朝天

鸟蛋的形状大体是圆的，所以不采用哥伦布的法子就没法把它竖起来[①]。但鸟可以把蛋绕着纵轴旋转，孵蛋的母鸡就常常这样做。然而，不管蛋怎么绕纵轴旋转，其中发育的胚胎也总是背朝天、肚朝地。鸟蛋里存在一种特殊的结构来实现这个目的，它有点像海轮上用来悬挂煤油灯的铰链。不管轮船怎么颠簸，煤油灯的玻璃始终保持垂直，开口始终朝着上方。鸟蛋里有一种螺旋的蛋白丝，蛋黄靠着它们悬挂在蛋壳的内表面——准确地说是覆盖在内表面的硬壳上。这种蛋白丝叫作"卵带"，它与蛋黄连接的位置要高于蛋黄本身的重心，因此不管鸟蛋怎么旋转，蛋黄也会绕纵轴旋转，而重心始终朝着下方。蛋黄有两极，其中一极高于重心，并且位于通过重心的垂线上，而胚胎便附在这一极的表面上发育；因此，如果重心翻了一下又回到了正常位置，胚胎也会回到蛋黄顶端一极的位置。在这里，胚胎发育时始终是背朝天的。这种适应还可以比作一口挂在绳子上的双耳锅（见图）。

现在我们要问了：这种适应有什么用呢？胚胎发育时是背朝天还是朝地还是朝着两旁，抑或时而朝天时而朝地，这有什么区别吗？观察表明这并非毫无区别。鸟蛋可以在没有母鸟孵化的情况下发育，只需把它放在与鸟类体温相同的恒温抽屉里就行了。这种抽屉叫作"孵化器"，里面的鸟蛋可以竖着孵，这对母鸡孵蛋来说是不可能的。这样的蛋通常会孵出畸形的小鸡；它往往没有形成腹腔壁，内脏全都露在外边。前文所述的适应就

[①] 克里斯托弗·哥伦布（1451～1506）是意大利航海家，1492年发现了美洲新大陆。相传他曾用敲破鸡蛋一头的方式，竖起了无人能够竖立的鸡蛋，借此表明打破常规思维的重要性。

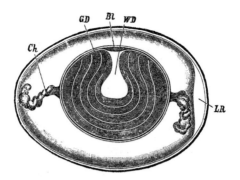

鸡蛋的横截面。Bl—构造蛋黄，胚胎由此发育而来。WD—浅色的营养蛋黄。GD—深色的营养蛋黄。Ch—卵带。LR—气室。

是为了对抗重力的负面影响。当胚胎形成身体时，其身体各部分必须保持特定的相对位置。假如两个部位原本是并排在同一个水平面上，不会相互挤压，而你把胚胎转了个方向，使得其中一个部位压在另一个部位上，它们就可能会发生粘连，或者是下面的部位在上面的压迫下无法正常发育。这种情况下就会生出畸形儿。胚胎是由外壳非常柔嫩的细胞组成的，因此必须保证那些不应承受上方压力的部位免受这种压力，不论蛋的位置如何变化。只有让胚胎始终保持某一面（这里是背面）朝天的适应才能实现这一点。

水生动物的卵浮在水里，其重心比几何中心要低得多，或者某一极中有充当漂子的气泡，这都可以帮助它实现"总是背朝天"的状态。卵中的气泡总是朝着上方。

73.蛋里的小鸡会呼吸吗?

——

　　要想回答这个问题，请先找只孵蛋的母鸡来，在它的窝里放几个普通的鸡蛋和几个涂满油漆的鸡蛋。过了三周时间，你就很确定上漆的鸡蛋孵不出小鸡了。打破一个鸡蛋，发现里面连小鸡都没有。蛋里的胚胎开始了发育，但很快就会死掉，它是被憋死的。胚胎和出生的小鸟一样都需要氧气；换句话说，它也需要呼吸，且最初呼吸的是鸡蛋圆端里的空洞处的空气。但那点儿空气很快就用完了，于是它开始呼吸通过蛋壳进入鸡蛋的空气。蛋壳是由石灰片组成的，这些石灰片之间留有肉眼看不见的小口（气孔）。要是给鸡蛋上了漆，蛋壳上的气孔就被堵住了，胚胎便无法呼吸，最终被憋死了。因此，在所谓的"孵化器"，也就是没有母鸡的孵化箱中，都要安装用于内部通风的设备。没有了这种设备，箱里就没有足够的氧气，还会积聚胚胎透过蛋壳排出的二氧化碳。蛋中小鸡的呼吸器官是肠道的凸出部分，称为"尿囊"，它靠近蛋壳的表面，上面还有许多血管能吸收氧气。

74.用一年的耳朵

————

　　在水族箱里养普通的虾子也能给你带来不少乐趣。只不过得给它们准备一个单独的水族箱，但做起来也很简单。这个水族箱的水不能太深，一般不超过 15 厘米，但水面必须大一点。为此用不着拿玻璃罐，只要找个普通的搪瓷盆就行了。在盆底撒满仔细清洗干净的沙子，再放几块大石头，让石头的顶端露出水面。水温不得超过 15℃，所以夏天里不能把水族箱放在太阳下晒。虾喜欢干净的水，因此必须时不时从水族箱里舀掉部分脏水，再补充新的净水。喂虾可以用肉或鱼肉，但要注意清理吃剩的食物残渣。要是能保持上述条件，虾可以在水族箱里活上好几年。

　　在虾的一生中，最有趣的是它的蜕皮过程。虾的外壳不能生长，所以随着身体长大，它就必须蜕掉旧皮，换上新皮。虾每年都要蜕皮，而在俄罗斯，虾蜕皮的时节恰好是那几个名称里没有字母"p"的月份，也就是 5 月、6 月、7 月和 8 月[①]。虾的蜕皮过程非常痛苦；在这段时间里，它变得虚弱不堪，藏在洞里，吃得很少。所以，当水族箱里的虾要度过这段难熬的日子时，你就别去惊扰它们了；但蜕皮过程是可以隔水观察到的。首先是连接钳子与前爪的其他钙质环节的软皮裂开了，虾把钳子从里面抽出来，就像是从手上脱下手套一样。它的所有脚都按这种方式脱离了钙质外壳。然后连接尾巴与甲壳的外皮也裂开了，虾便把尾巴从外壳里抽出来。最难的一步是脱离头部和胸部的甲壳。它扭来扭去，不时还翻个身，奋斗了好长时间才光着身子钻了出来。此时它的外壳还很柔软，这是它生命最容易受威胁的时候。不

————

① 在俄语中，大多数月份的名称里都有字母"p"，只有上述 4 个月份没有。

仅是鱼类，其他小型动物也会觊觎它的柔软身体，所以它只好先躲起来。然后软皮里开始形成钙质，它也就慢慢地变结实了。

　　我们最感兴趣的是虾的听觉器官在蜕皮时经历的变化。虾的听觉器官位于其短触须的基部。这是一个向外开口的小囊或小袋。小袋上连接着听觉神经，呈枝状分布在其外壁上，分支上又有纤毛状的凸起伸入小袋中。每根纤毛的末端挂着一块小石子，纤毛还对它起支撑作用。我们知道，声音是以波的形式传播的。声波令小石子振动，小石子牵动纤毛，刺激了听觉神经。大部分无脊椎动物的听觉囊是封闭的。这种囊腔里充满了淋巴液，而碳酸钙质的小石子是由肌体自身产生的。虾的情况就不同了：它的听觉囊向外开口，所以里面充满了水，没有碳酸钙质的小石子，只有虾自己塞进去的一粒普普通通的沙子。沙子不能随着身体一起生长，所以在蜕皮时要换掉。正是在这个时候，耳朵里的沙子没了，虾也就变聋了；然后虾再寻找一粒大小合适的沙子，用钳子塞进耳朵里。这样看来，它的耳朵只能用上一年，每年都要重新维修。

　　如果你在水族箱里养了虾，那就别错过观察虾卵里孵出小虾的情景。为此必须搞只孵卵的雌虾来，有时在市场上就能买到；雌虾的卵储存在肚子下面，按通俗的说法就是尾巴下面。这些卵往往已经受精了。早在12月，雌虾就开始孵卵，但直到次年春末夏初才会孵出小虾。孵卵的雌虾最好和其他虾分开来养。小虾起初附在妈妈肚子下面的鳞片上一动不动，并在那里完成蜕皮，蜕皮后才会与妈妈分离。在这段时间里，雌虾可能会把小虾吃掉，所以最好把小虾转移到专门的罐子里。

75.用磁铁吸虾

————

　　上一节讲了河虾耳朵的构造，其他虾类也具有这种特点，不管是大虾还是小虾都是如此，其中还包括生活在海里的一种小虾，叫作"对虾"。如果你刚好要在海边住上一段时间，就可以用对虾做个有趣的实验，证明它的耳朵除了听声音的主要功能，还有另一个有趣的作用。耳朵也是平衡的器官，动物靠着它来感觉自己是否偏离了正常的位置。当动物肚子朝下时，听觉石在重力的作用下压住了听觉囊底部的纤毛。这种压力会令动物产生位置正常的感觉。如果动物的身体向两侧倾斜或侧身躺下，听觉石就会开始压迫听觉囊侧面的纤毛。在动物身上，这种压力会令其产生身体位置不正常的感觉，它便会努力消除这种不适感，想翻回肚子朝下的位置。

　　耳朵的这种作用可以从对虾的实验中得到证明。为此，请你在春天时抓几只对虾养在罐子里，或者盛满海水的浅容器更好。在容器底撒点细小的铁屑。当对虾开始蜕皮时，之前被它塞进耳朵的沙子就会掉出来。于是它开始寻找新的沙子来代替老的，可容器底除了铁屑就再也找不到什么别的东西了，它便把一小块铁屑塞进了耳朵里，而我们知道，铁会受到磁铁的吸引。现在把一块磁铁放进水族箱里。它会吸引对虾耳朵里的铁屑。此时铁屑压迫的不是听觉囊的底部，而是朝向磁铁的侧面，对虾就会产生身体倾斜的感觉。为了找回正常的感觉，也就是肚子朝下时的感觉，它就必须把肚子转向磁铁的方向。如果你把磁铁转移到其他地方，对虾也会随着磁铁的移动改变肚子的朝向。要是你把磁铁悬在水面附近，它就会翻个身把肚子朝天，还觉得自己好像是肚子朝下的状态呢。

用磁铁吸虾。

76.水甲虫

——

　　有一种叫作"龙虱"的水甲虫也非常好玩。这是一种相当大的甲虫，约有一寸长，身上几乎是全黑的，只有体侧和胸甲外围有黄色的边缘。它的后腿分得很开，上面长着长长的刚毛。这双后腿起着桨的作用，龙虱靠着它们在水中快速游动。龙虱和其他昆虫一样，也是用气管呼吸的，靠气管吸入大气中的空气。在呼吸时，它把腹部末端伸出水面，很长时间里都保持着这个姿势。呼吸到足够的空气后，它便开始游泳。龙虱按营养方式来说属于肉食昆虫。它会袭击蝌蚪和小鱼，还偷吃鱼卵，简单说就是吃动物性食物。水族箱里的龙虱可以喂蚯蚓、肉块和酸奶渣。一个水族箱里不能养太多龙虱，否则它们就会打架，打赢的还会吃掉打输的。最好是只养一对，一雌一雄，它们从外表上很好区分。雌虫鞘翅的顶端通常长满了纵向的小槽，而雄虫的鞘翅非常光滑；此外，雄虫的前腿上有两个圆形的吸盘，它用这两个吸盘来捉住雌虫。龙虱喜欢游泳，所以不能把它养在太小的罐子里。尽管它呼吸的是大气中的空气，但在水族箱里养点水生植物还是很有好处的，因为龙虱呼吸时喜欢抓住水生植物。水族箱上必须盖片玻璃或盖张网，不然龙虱就会飞出来，嗡嗡地在房间里飞来飞去。如果它觉得水族箱里不舒服了——比如说食物不够，就更容易飞出来。

　　如果你的水族箱里有一雄一雌两只龙虱，到了春天，它们可能会开始繁殖。雌虫把卵产在水生植物上。卵里孵出幼虫，它们和父母一样，都过着肉食生活，也就是捕捉能制服的各种生物。龙虱的幼虫长得很快，长大后的样子非常难看。它就像一条肥肥的蠕虫，身上长着六条腿，头上有一对大钳子。幼虫用大钳子咬穿猎物的身体，但并不把猎物撕碎，因为它嚼不动猎物。它把自己的唾液注入猎物的身体，这种唾液具有消化食物的能力，也就是把食物变成液态。幼虫通过大钳子里的特殊管道吸收变成液态的食物。完全成熟的幼虫会潜入沙子里化蛹。

77.海水里的淡水动物

————

　　你可以在淡水贝类身上做几个非常有趣的实验。我们这儿有双壳的贝类，比如无齿蚌和珍珠蚌，此外也有螺旋壳的贝类，这一类包括椎实螺、扁卷螺，等等。如果你生活在海边，就可以抓些淡水贝放到装满海水的罐子里。你会发现，这些贝类很快就死去了。然后再做另一个实验：把这些在海水里会死掉的淡水贝放进河水里，然后在几个月的时间内逐渐地加入海水，实验结果就完全不同了。

　　曾有学者在 4 月里把这些贝类放进盐度 1% 的水里；它们都还活着。于是他开始慢慢往水里逐渐加入海水，到了 10 月，水的盐度便提高到了4%；这差不多就是海水的盐度了。结果发现，椎实螺和扁卷螺在咸水里也跟淡水里一样活得好好的。至于双壳贝呢，它们在水的盐度达到 4% 之前就都死掉了。

　　普拉图[①]成功地让淡水潮虫适应了海水环境，它们甚至在海水里进行了繁殖。但如果把潮虫直接放进海水，它们就会死去。保罗·贝尔[②]让原本生活在淡水中的蚤类——水蚤适应了真正的海水。这些水蚤已经完全习惯了海水，当贝尔把它们直接放回淡水后，它们便全死光了，尽管它们本来就是淡水动物。夏天的池塘里都能找到水蚤。它们属于甲壳类，之所以叫水蚤是因为在水里跳着游动，且个头儿跟跳蚤差不多。水族箱里的小鱼非常喜欢吃水蚤，所以最好把它们养在一个专门的罐子里，当作鱼类的备用食粮。

————

①　可能是指约瑟夫·安托万·费尔迪南·普拉图（1801 ~ 1883），比利时物理学家。
②　保罗·贝尔（1833 ~ 1886），法国动物学家、生理学家、国务活动家。

78.淡水里的海洋动物

———

　　淡水动物受不了海水，而多数海洋动物也受不了淡水。这里的死亡原因和被放到海水里的淡水动物一样，只不过盐分的运动方向恰好相反。海洋动物的组织是在咸水里形成的，因而含有大量的盐分。要是把这些动物放进淡水，组织里的盐分就会从皮肤渗透到淡水里，组织的性能便遭到破坏，动物也因此死亡。但是，如果你让海洋动物逐渐适应淡水的环境，其中有些动物便能适应过来，还能活得非常自在。要是你刚好住在黑海岸边，你就能用实验证明这一点。有科学家收集了16种海生贝类，先是把它们直接放进淡水，结果它们全死光了；然后他又把这16种贝类放进海水，再非常缓慢地降低海水的盐度，几个月后海水就变得跟河水一样淡了，结果这16种贝类中有8种在淡水里活了下来，另外的8种还是死掉了。牡蛎也没能适应淡水的环境。

　　这些实验表明，某些海洋动物能在渐变的盐度条件下适应淡水的环境。这一点是我们解释淡水动物起源的关键。地质学家认为，在很久很久之前的地质时期，整个地球都是海洋，没有陆地，自然也没有淡水动物。后来随着大陆的出现和扩大，陆地上出现了以湖泊和河流形式存在的淡水。有些动物先是适应了河口的淡水环境，然后沿着河流从海洋来到了陆地。河口既有海水，又有河水，其间的盐度各不相同，为动物提供了必要的渐变盐度，所以它们才能适应过来。

　　然而，也有不少动物对水的盐度毫不在意，也就是说它们在海里河里都能生活，且能很快地在咸水和淡水之间相互转移，不会受到半点伤害。许多鱼类都是这样的，比如说鲟鱼、鲑鱼等。它们通常生活在海里，但产卵时要游到河里。这些动物长着厚厚的皮肤，盐分很难从厚皮中渗透出去。

79.物种转变

　　如果你刚好住在南方有咸水湖的地区，你就可以重复一下俄罗斯学者什曼凯维奇做过的一个著名实验。这些地方的咸水湖里有一类只有麦粒那么长的甲壳动物，属于卤虫属。在盐度不高（具体说是波美度[①]不超过 4°）的湖里生活着一种卤虫，拉丁学名叫作 *Artemia salina*。在波美度 25° 的湖里生活着另一种卤虫，叫作 *Artemia milhauseni*。这两种卤虫之间的差别非常大。前者（低盐度的湖里的卤虫）尾巴末端有两道尖尖的分叉，上面长着很长的刚毛。后者（高盐度的湖里的卤虫）尾巴的分叉又短又圆，上面根本没有刺（见图）。什曼凯维奇把 *Artemia salina* 放进它们习惯的水里，然后在几个月期间逐渐往水里加盐。在这段时间里，*Artemia salina* 在水族箱里繁殖，且随着盐度的增加而变得越来越像 *Artemia milhauseni* 了，也就是说，它们尾巴的分叉变短变圆了，刚毛也消失了。最后当波美度达到 25° 时，

Artemia 的尾巴末端。1 为 A. *salina*，2 为 A. *milhauseni*。

Artemia salina 就变成了真正的 *Artemia milhauseni*。于是什曼凯维奇开始以相同的速度逐渐降低盐度，随着盐度降低，*Artemia milhauseni* 又开始向

[①]　表示溶液浓度的一种方法，亦即将波美比重计浸入溶液时的读数。

Artemia salina 转变，最后彻底完成了转变。什曼凯维奇进一步深入实验。淡水中还生活着另一种小型甲壳动物，叫作鳃足虫。它与 *Artemia* 的区别在于触角的形状和腹部环节的数量：前者为 9 个，后者为 8 个。什曼凯维奇取波美度为 4° 的水，往其中放入 *Artemia salina*，然后开始慢慢地降低盐度。*Artemia salina* 在水中繁殖，且每一代都变得越来越像鳃足虫（见图）。最后，当水变得跟河水一样淡时，它们就变成了真正的鳃足虫。据什曼凯维奇说，这种转变在自然界中也会发生，因为湖水的盐度会在不同因素的作用下改变，主要是由干旱引发的盐度上升或雨水汇入引发的盐度下降。

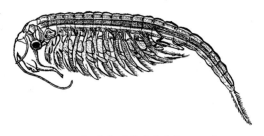

鳃足虫（高度放大）。

后来，有些动物学家尝试重复这个实验，结果一无所获，于是推测什曼凯维奇的实验中并没有发生物种转变，但再后来动物学家加耶夫斯卡娅[1]又做了这个实验，确定了什曼凯维奇是对的。如今已经没有谁会怀疑物种可变、今天的动物都是由低等动物演变来的理论了。学者们的争议主要集中在"物种为何改变"这个问题上。达尔文[2]认为，改变的原因是所谓的"自然选择"，其本质在于：由于动物的繁殖速度超过了土地的供应能力，所以动物之间会发生生存斗争，所有多余者都必须死。只有那些具备优势

---

[1] 娜杰日达·斯坦尼斯拉沃夫娜·加耶夫斯卡娅（1889～1969），俄罗斯水生动物学家。

[2] 查尔斯·罗伯特·达尔文（1809～1882），英国生物学家，进化论的创始人。

的个体才能幸存；它们留下了后代，根据遗传规律，后代也继承了父母的
特点，其中就包括父母赖以幸存的那些优势。下一代中同样出现了繁殖过
剩，适应者中又出现了更强的适应者并幸存下来，依此类推。这样代代相
传，就发展出了某种有益的适应。由于这个缘故，动物的肌体逐渐改变。
这些变化需要千百万年的漫长时光才能显著地改变动物的身体结构，所以
不仅在一代人的眼中，就连整个人类历史中都看不出这些改变。上述学说
的反对者则指出，达尔文的说法是纯粹的理论，这个理论谁都证明不了，
因为谁都没法直接观察到动物的改变。然而，什曼凯维奇在甲壳动物身上
观察到了这种变化。诚然，他的实验不能说明这种改变是由达尔文所说的
原因，也就是生存斗争、适者生存而引起的。甚至可以进一步说，这个实
验根本就不关生存斗争的事。改变是由环境条件也就是盐度的改变引起的。
出于某种我们尚不清楚的原因，低盐度使得甲壳动物的尾巴上长出了尖尖
的分叉，高盐度则令分叉变圆。然而，不久前有两名英国动物学家汤普森
和威尔顿[1]在自然界中观察到了一种螃蟹的快速变化，并且这种改变是迅速
适应变化的物理条件的结果。

　　滨海城市普利茅斯[2]修了一道防波堤，导致海湾中的水变浑了。淤泥是
由流入海湾的河水带来的。河水带来的泥沙原本会被冲进大海深处，如今
却被防波堤挡住了。这样一来，海湾中的螃蟹的生存条件就变了。两名动
物学家发现，螃蟹的身体开始变窄了。他们测量了大量的螃蟹，在观察的
头一年里，其体宽与体长之比大约是 76∶100；第二年里是 75∶100；第
三年里是 74∶100。威尔顿产生了一个想法：螃蟹壳变窄是水里出现淤泥
的结果。具体来说，宽壳螃蟹的鳃更容易被淤泥糊住而致死，所以那些窄
壳的螃蟹，哪怕只是窄了一点儿，比起其他螃蟹也有更高的幸存机会，并

[1]　达尔西·汤普森（1860～1948），苏格兰动物学家、数学家。拉法埃尔·威尔
顿（1860～1906），英国动物学家，动物测量学的创始人。
[2]　英国西南部港口城市。

能留下后代，让后代继承窄壳的特点。为了检验这个推测，威尔顿把 250 只螃蟹养在许多罐子里，令每个罐子里的水都保持混浊。许多螃蟹死掉了，威尔顿测量了活螃蟹和死螃蟹的壳，发现死掉的都是壳较宽的螃蟹。这样看来，海湾里幸存下来的都是最适应新条件的螃蟹。

80.人工细胞

————

　　细胞是一团极小的活性黏液（即原生质）。这团黏液可能有外壳，也可能是裸露的。原生质具有生出肉芽或伪足的能力，细胞靠着它从一个地方移动到另一个地方。细胞还可以用伪足捕捉食物微粒，把它们送进原生质内部进行消化，也就是把它们转变成组成细胞的原生质。随着营养的摄入，细胞长到一定程度后便会增殖。最常见的增殖是分裂增殖，且这种增殖中一定有细胞核的参与；细胞核是细胞的一个特殊部分，通常由密度较高的原生质组成。尽管细胞的构造看上去很简单，却具有感受温度、光线和电流的能力。某些能移动的细胞会从冷处爬到暖处，从暗处爬到亮处，仿佛是能感受到温暖，能区分光明与黑暗。细胞的这些特征被某些人用来证明：生命是一种特殊力量的表现，这种力量不可能存在于无生物中。表面上看，如果不假设有特殊力量的存在，就无法解释一团黏液为何能对外界环境做出貌似有意识的反应。它总是往更好的地方爬。

　　然而，人们已经成功造出了不少人工细胞，它们也能表现出活细胞的某些特征。这些人工细胞无疑是无生命的材料的各种组合，但这些材料却能借助伪足从一个地方爬到另一个地方，或者吞掉一些物质，排出另一些物质，或者在一定程度上表现出对温度和光线的敏感。制作这些细胞的方法相当简单，你不费什么功夫也能自己做出来。取一杯浓苏打水，往水面倒几滴不同的油性物

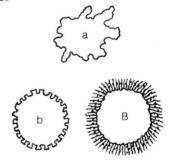

a—苏打水里的橄榄油滴很像变形虫。b—苏打水里的杏仁油与几种单细胞动物相似。B—苏打水里的杂酚油滴很像太阳虫（放大后）。

质，你会发现油滴上冒出了凸起，跟活细胞或单细胞动物的伪足简直一模一样（见图）。橄榄油滴的形状很像低等单细胞动物"变形虫"的形状。它和变形虫一样，都有几条粗粗的凸起。有些单细胞动物的伪足很短，但数量很多，末端很尖。而苏打水表面的杏仁油滴也会冒出这样的凸起。有一种叫作"太阳虫"的单细胞动物，它的伪足又细又直又长，从圆形的身体上往四周扩散，就像是太阳的光线。普通的水面上的杂酚油①滴也会形成这样的"伪足"。我们还可以造出从一个地方爬到另一个地方的细胞。为此需要把普通的碳酸钾与橄榄油拌匀；在水里加点甘油②，再把刚才制成的一小团黏液放到水面上。黏液团开始长出伪足，并靠着伪足在水面上运动。这种运动能持续几个小时，然后变得越来越慢，最后完全停止了。不过要是把水加热一下，运动又会重新开始。上述现象可以这样解释：碳酸钾和油混合得到的黏液中有极小的油泡，油泡内部含有碳酸钾和油反应生成的肥皂③。附在黏液团表面的油泡的外壁会破裂，里面的肥皂流出来形成了"伪足"，黏液团便顺着"伪足"的方向移动。肥皂能溶于水，所以随着肥皂的溶解，其他油泡也相继破裂，形成了新的"伪足"。这样的细胞里固然没有任何生命，但它也能像活细胞一样地运动。

没有外壳的真正细胞（如变形虫之类）的营养过程是这样的：细胞靠伪足把小块的营养物质送入自己内部。营养物质在细胞内消化，而不能消化的部分则被排到外面。要是变形虫吞噬了微小的带壳藻类，藻类本身便会被消化，而外壳被吐到外面。如果营养物质是线条状的，到了变形虫体内便会先弯折盘曲再消化。人工细胞也能完成这些行为。在盘子上滴一点氯仿，然后拿一根涂上虫胶④的玻璃线凑到它旁边。氯仿滴会吸收玻璃线，

---

① 又称木馏油，无色无味的油性液体，作防腐剂和消毒剂。
② 丙三醇，无色无味的油性液体，用于化工合成。
③ 准确地说是脂肪酸的钾盐。
④ 一种紫色的天然树脂。

如果玻璃线足够细的话，还会被稍稍盘曲起来。当虫胶层溶解到氯仿里后，这滴氯仿就会把玻璃线排出去，跟变形虫排出无法消化的水藻外壳一模一样（见图）。上述现象可以用纯粹的力学原理加以解释，也就是不同物质之间的引力各不相同。虫胶与氯仿之间的引力比氯仿微粒之间的引力要大，所以氯仿能吸引虫胶；而玻璃线与氯仿之间的引力比氯仿微粒之间的引力要小。因此，当玻璃线上的虫胶溶解完后，氯仿就会把玻璃线排出去。

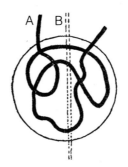

一滴含有丝线的氯仿。
B—丝线原本的位置。A—丝线盘曲了（放大后）。

　　单细胞动物寻找猎物，追逐猎物，追上去后把它抓住，这些行为也可以用人工手段再现。为此需要在水里加点重铬酸钾[①] 和一小滴水银，再往水里加入硝酸，调成 20% 的硝酸溶液。水银滴开始朝重铬酸钾的方向伸出"伪足"，移到重铬酸钾颗粒跟前并将其包住。要是让重铬酸钾颗粒慢慢地沿着杯底移动，水银滴也会跟着它爬行。水银的运动可以这样解释：水银在硝酸的作用下会发生酸化，而重铬酸钾能加强这种酸化作用，所以水银滴朝向重铬酸钾颗粒的一侧酸化得更快，而水银的表面酸化后，其"表面张力"（也就是令各种液滴变成圆形的一种力量）会变小。表面张力表现为液滴表面会以一定的力量挤压液滴里的其他物质。在表面张力变小的地方，

---

① 橙红色晶体，毒性强，用于化工合成。

水银滴就会以纯粹机械的方式伸出"伪足"。

　　某些人工细胞中还能引发类似活细胞增殖的现象。如果朝某些人工细胞的黏液滴里加入同种的黏性物质，液滴先是会变大，等变大到一定程度后，就会分成两滴。

　　有一种单细胞动物，它的身体上覆盖着沙粒组成的甲壳，且这些沙粒都是动物自己粘到身上的；它看起来就像是陷在了沙子里，但甲壳上也留有一个小口，可以让伪足伸出去。这种动物叫作"沙壳虫"。如果往浓度很高的酒精里加点纯净的石英砂，再滴入一滴橄榄油，沙粒便会在油滴表面形成一个真正的甲壳，有时特别像沙壳虫的外壳，都是梨形或长颈瓶形的。要是把玻璃磨碎，与油混合后加一滴到酒精里，玻璃微粒便会附着在油滴表面，形成一个规整的表层，同样很像沙壳虫的外壳（见图）。

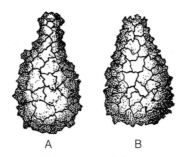

A—真正的沙壳虫的外壳。B—酒精中的油滴及附着在其表面的玻璃微粒（高度放大）。

　　我们还可以制造出具有光感性的人工细胞。为此需要取点溶解了墨汁的水，加一滴到食盐溶液的表面。然后创造光照条件，使得墨水滴有一半暴露在光下，另一半处在暗处。这时墨水滴便会朝着暗的那半边移动。

81.生命的温度极限

————

　　不管是动物还是植物，都忍受不了极端的寒冷与酷热。但生命能忍受的温度极限其实比一般人认为的要大得多。已知细胞质在49℃～50℃的条件下便会死亡。要是细胞质死了，其所在的动物体自然也就死了。温血动物（特别是哺乳动物）具有各种调节体温的手段。在远高于50℃的气温下，动物的体温依然能维持原状。多亏有了汗腺，人可以在干燥的空气中忍受足以让水沸腾的温度。冷血动物的体温受环境温度的影响。要是空气或水变冷了，这些动物的体温便会下降。它们的身体会被严寒冻僵，进入麻木的状态，而这种状态下的生命依然能在极端的严寒中存续。青蛙可以冻得腿像木棍一样易断，但只要慢慢地加热，它就会复苏过来。忍受严寒的能力取决于动物体内水的含量。昆虫只要遇到一点儿冷就会被冻死，而虫卵里水的含量极少，所以能顺利度过严寒。蚕卵能忍受 -40℃的人工温度。

　　我们在植物身上也能看到类似的情况。植物本身含水量很高，所以对寒冷非常敏感；而燕麦的种子经历过 -200℃的人工温度后依然能保持活性。低等动物的体内即使含水很多，也能忍受非常低的温度。皮克泰[①]用 -200℃的低温将蜗牛冻僵，然后重新加热，发现它们依然活着。只有一个壳上有缝的蜗牛死掉了。含水量也会影响忍受高温的能力。普通的蛋白质在53℃～55℃时就会变性，而脱水的蛋白质直到160℃～170℃才会变性。因此，燕麦种子能加热到120℃都不会丧失活性。

————

① 保罗-皮埃尔·皮克泰（1846～1929），瑞士物理学家。

82.其他星球上有生命吗?

———

　　其他星球上有没有生命呢? 讨论这个问题的主要是天文学家，而不是生命科学的代表。科幻小说的作者也曾对其他星球上的生命做过不少幻想，还让火星之类的星球住上了动物和人;然而，哪怕只懂得一点生物学知识的人，都能看出这些生物根本不可能存在。有本小说的作者笔下的火星人跟正常人一模一样，只不过是用卵繁殖罢了。

　　天文学家指出，大多数星球的条件都极不适于生存:有的太冷，有的太热，有的大气过于稀薄或者不含氧气，等等。然而，这些条件只是不适合地球上的生命，但生命能够适应极端艰苦的条件，这一点即使是在地球上也能观察到。众所周知，生命的本质在于新陈代谢。生物体内的碳与空气中或水中的氧结合，化合成二氧化碳并逸出，而体内这些消耗掉的微粒又被新的微粒取代。这样看来，没有碳似乎就不可能有生命。不过，地球上也有某些生命体能在无碳的条件下生存。这种生物叫作"硫化细菌"，它们生活在含有大量硫化氢的腐物中。这种细菌体内充满了硫化氢，它们生命的能量来源并非碳与氧的化合，而是硫化氢与氧的化合。在这种化合的作用下，硫化氢会变成水和纯硫。这样看来，类似硫化细菌这样的生物就能在大气里充满了硫化氢的星球上生存，换成别的地球生物早就被憋死了。

　　由于生命的本质在于物质交换，我们很容易就能想象出与地球上的原生质结构有别的各种原生质。举个例子，碳的位置上可以换成淀粉，磷换成锑，氧换成氯。我们知道，氯具有与许多种单质化合的强烈倾向，特别是与氢化合最容易。它能令许多化合物分解，夺取其中的氢原子。考虑到氯的上述性质，我们就可以想象一种类似原生质的物质，其中的物质交换和生命能量都靠氯的化合来提供。据此可以想象一种生活在含氯大气中的生命，而这种大气放到地球上就会杀死所有的生命。

地球上的原生质中含有 12 种单质，其中的铁是必需的；可万一大自然搞不到那么多铁，它就会用其他金属来代替。例如有种叫海鞘的海洋动物，它的血液中没有铁，只有钒。其他的单质也可以替换，因为每种单质都能找到一种性质相似的物质。这样看来，不管是特殊的大气成分还是土壤成分，都不能阻碍其他星球上产生生命。

当然，要是整个星球都处于灼热的状态，就很难想象上面有生命了；不过，长期的严寒并不能排除掉生命存在的可能性，因为生命能够适应极低的温度。

其他星球上的动物究竟是什么样的呢？即使是非常熟悉每个星球的物理条件，就跟对地球的环境一样了解，我们也无法对这个问题做出准确的回答。动物界是从低等动物开始逐渐发展起来的。这种发展并不单纯取决于物理条件，而是取决于许多种复杂因素的组合，特别是动物之间的相互关系，以及发展所持续的时间。澳大利亚的物理条件与一些欧亚国家相似，但那里却生活着非常独特的动物。

只有一点是确定的：不管生活在什么样的星球上，生命都必须具有以下特征。生命是一系列化学反应的表现，而在温度不是很高、允许生命存在的条件下，化合反应是在液态的物体——例如溶液或半液态的胶质中发生的。所以应当认为，其他星球上的活性物质也和地球上一样，要么是液态，要么是胶质也就是半液态的。根据力学规律来看，半液态的物质只能构成体积很小的物体。在地球上，原生质构成了细胞，而细胞多是用显微镜才能看见的小不点儿。在质量比地球小的星球上，细胞可能会更大一点，但应该还是很小。为了组成更大的动物，就必须采用地球上的办法：半液态的原生质团覆盖上一层坚硬的外壳。原生质团之间相互黏合，同时还保持着某种连通，使得一个原生质团的液态营养物可以流入另一个原生质团。

这样的原生质团其实就是细胞，无数的细胞构成了更大的动物和植物。

假如某个星球上存在大型生物（起码得是比原生质团大的生物），那么它们一定具有细胞构造。这就是我们能对其他星球的居民做出的唯一可靠的推测了，其余的说法都不过是幻想而已。

83.其他星球上有人吗？

————

如果这里的"人"指的是早在林奈时就被命名为"*Homo sapiens*"——也就是智人的生物，本节标题中的问题就可以断然给出否定的回答。地球上的这种人类不可能存在于其他星球之上。其他星球上也许能找到智慧生物，但要是说这些生物的构造和外表跟人类一样，那就太匪夷所思了。地球上的人是由猿类祖先进化来的，而人类的祖先又源自低等的猿猴，猿猴源自半猿猴，依此类推。要是从最简单的单细胞生物（或者说变形虫）开始算起，我们就可以在人类的祖先中列出许许多多形态各异的动物。假如其他星球上出现了类人生物，这种生物的发展过程中就必须经历和人类进化完全相同的阶段。假如这不计其数的祖先中哪怕有一个与对应的人类祖先有所不同，发展到最后就不可能成为跟人一模一样的生物。

生物学家认为，就算是在各地环境大同小异的地球上，两个不同的地方也不可能独立发展出完全相同的物种。欧洲和北美洲都有狼，但这并不是因为这两个地方独立产生了狼，而是因为狼由亚欧大陆的祖先发展而来，后来沿着连接亚美两洲的大陆桥迁徙到了美洲。人类也是同理，尽管不同人种的外貌差别很大，但在生物学家看来，所有的人都源自同一个物种、同一个种族，这个物种的后代分布到全球各地，便形成了不同的人种，由此可见，要是说地球上发展出了某个人种，而另一个生活条件完全不同的星球上也发展出了同一个人种，那就太叫人难以置信了。

其他星球上也可能有智慧生物，至于它们究竟长什么样，我们还无法给出明确的回答。只有一点是确定无疑的：它们一定有高度集中的神经组织，也就是大脑，应该还长着大脑袋，否则就不可能具有智慧。它们可能有四条腿，可能有两条腿，也可能有翅膀，但一定有适合抓取的器官，也就是某种类似我们的手的构造。没有这样的器官（手），这种生物的智慧就无法得到应有的利用，自然不可能发展起来。最初的智慧火花很快就会熄灭。

84.人工授精

————

卵子与精子的结合可以在雌性体内进行，而对水生动物而言也可以在体外进行。这种受精方式叫作"体外受精"。大多数鱼类都是这种受精方式，你也可以用人工手段制造受精。为此，请你在春天的鱼类繁殖期里抓两条鱼来，一雄一雌，且都要性成熟的。鲈鱼、鲫鱼和拟鲤都很适合用来做这个实验。一只手抓住雌鱼的脊背，另一只手轻轻抚摩它的肚子，用手指从前往后朝着泄殖腔的开口摩擦。如果鱼子已经成熟，就很容易把它们排出来。把鱼子挤在一杯水里，注意千万不能是煮过的水。然后把同样的操作用在雄鱼身上。它会排出精液。把精液挤在同一个杯子里，然后用小棍搅拌混合鱼子与精液，最后把鱼子放入有很多植物的水族箱里。过了 7 ～ 10 天，鱼子里就会开始孵出小鱼来。之所以得有水生植物，是因为鱼子中发育的胚胎需要氧气。它和大鱼一样呼吸，且水里溶解的氧气透过卵壳进入鱼子，胚胎排出的二氧化碳又透过卵壳进入水中。在对鱼子采用人工授精的养鱼场里，受精后的鱼子养在活水里，使得其周围的水始终保持新鲜，没有植物也没关系。可要是按上述手段进行授精的话，就会有很大一部分鱼子没有受精。俄罗斯的养鱼专家弗拉斯基[①]发明了所谓的"干法授精"。他把鱼子挤进干杯子里，把精液挤进另一个干杯子里，然后稍微加点水，再把精液倒在鱼子上。接下来他把鱼子与精液混合，再把鱼子转移到发育的地方。

刚孵化的小鱼起初很少活动，肚子上还挂着个大袋子。袋子里是残余的卵黄，在这些卵黄耗尽之前，小鱼不需要喂食，等卵黄被吃完后才喂。它们吃肉粉、磨成粉的血块、变形虫或其他小型动物。

————
① 弗拉基米尔·巴甫洛维奇·弗拉斯基（1829 ～ 1862），俄罗斯鱼类学家，俄罗斯科学养鱼业的奠基人。

85.为什么有的蛋孵出母鸡，有的蛋孵出公鸡？

这个问题可以问得更概括一点：为什么有时生公的宝宝，有时生母的宝宝呢？放到人身上就是：为什么有时生男孩儿，有时生女孩儿呢？这个问题自古以来就吸引着学者们的兴趣。它不仅有理论价值，也有实践意义。在饲养家禽家畜时，能按着人的意愿养出特定性别的动物是非常重要的。对于人自己也不例外。常常有家庭想生个男孩儿，结果生的全是女孩儿，或者相反。因此，早在很久以前，人们就开始尝试用人工手段影响即将出生的后代的性别。这些尝试起初是用在动物身上，以便日后能为人所用。

许多学者都想搞清楚，怀孕时的母体或胚胎的营养会不会影响后代的性别。罗素曾尝试在受精前就加强雌兔卵子的营养。他往雌兔的血管中注射一种叫"卵磷脂"的营养物质。解剖了几只接受注射的兔子后，他得出结论，营养物质以小颗粒的形式进入了卵巢和卵子，导致卵子营养过剩。其他接受注射的雌兔活了下来，它们生出的雌性宝宝比雄性宝宝要多得多。名噪一时的申克博士①则试着把这种技术用在妇女身上。他提出，如果给怀孕的妇女提供更多的营养，她就会生女孩儿；要是营养不足，就会生男孩儿。但这些结果都十分可疑，最后还发现罗素实验的结果是完全偶然的。

许多事实都令人不禁推想，要是卵子已经完成了受精，任何发育条件都改变不了胚胎的性别了。性别是在受精时确定的。有些昆虫的卵不受精也能发育，这种繁殖方式有一个特殊的名称——"孤雌生殖"，但这些昆虫同样能在受精的条件下进行生殖。事实上，未受精的卵通常只孵出一种

① 可能是指阿列克谢·康斯坦丁诺维奇·申克（1873～1943），俄罗斯医学家，营养学和康复学专家。

性别的幼虫，受精卵则孵出另一种性别的幼虫。举例来说，蜜蜂、黄蜂和蚂蚁的受精卵只会孵出雌虫，未受精的卵只会孵出雄虫，在蜜蜂的例子里就是所谓的雄蜂。这些事实足以说明，决定性别的因素就在雄性的生殖细胞——精子里。

精子有两种：一种生雄性，一种生雌性。我们知道，卵子和精子都是细胞，具有细胞的一切特征。这些细胞的细胞核里有一种特殊的物质叫"染色质"。在细胞分裂时，染色质会变成几条细丝或小体，呈小棍状或椭圆形（见图）。这些小体叫作"染色体"。每种动物的染色体数量都是严格不变的。假如某个细胞里的染色体有 8 条，那么这种动物其他细胞里的染色体也都是 8 条。人类有 23 对（46 条）染色体。配子（卵子和精子）里也有这个数量的染色体，但这只是它们完全成熟之前的情况。当配子成熟时，它们会抛去一半的染色体，因此成熟的卵子和精子里的染色体数量只有同种动物的体细胞里的一半。在受精时，卵子的染色体与精子的集合在一起，这就令受精卵恢复了原本的染色体数量。这些染色体被认为是遗传特征的载体，也就是说，其中蕴含着子女为何会分别继承父母的某些特征的原因。除了普通的染色体，体细胞和配子里都有一种特殊的染色体，其形状和大小与其他染色体都不相同。这种染色体叫作"X 染色体"。一般认为它就是决定性别的因素。两种精子的区别在于：其中一种含有 X 染色体，会让卵子孵出雌性也就是小母鸡；另一种没有 X 染色体。如果卵子与后一

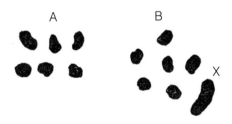

昆虫精子的染色体。A—发育成雄性的染色体。B—发育成雌性的染色体。X—X 染色体。

种精子结合，鸡蛋里孵出的便是小公鸡。

就目前来看，这种解释也可以适用于人类。但也有人认为，公鸡的精子都一样，而母鸡的卵子有两种：其中一种会孵出母鸡，另一种会孵出公鸡。但这种观点并不是那么的可信[①]。

① 这是 20 世纪初的看法。目前一般认为鸟类属于 ZW 性别决定型，亦即雄性具有两条相同的性染色体（ZZ），雌性具有两条不同的性染色体（ZW），雌性的配子决定了后代的性别。所以这里作者认为"不太可信"的观点反而是更接近事实的。

86.红眼睛的小白兔是怎么来的？

———

　　自然界中存在各种各样的、有时还相当复杂的适应，令卵子只能与没有血缘关系的精子结合。自然界不接受近亲交配，也就是有血缘关系的亲属的婚配。这种规律在植物界和动物界中都能看到。近亲交配生下的子女多少会表现出劣化的特征。这些特征在第一代身上可能看不出来，甚至到第二代或第三代都不一定，但过了许多代后必然会出现。为了令马身上的某种特点固定下来，养马人有时会采用近亲交配的手段，但绝不会加以滥用，因为这会让马的后代劣化。

　　然而，也有人发现近亲婚配未必会危害到后代，并举古代历史中的例子为证。古埃及的法老有一种兄弟姐妹通婚的风俗，这种风俗持续了许多代，看起来也没造成什么危害，也就是说后代没有体现出劣化的特征。可又有谁能保证真的没出现过呢？因为劣化的特征并不总是那么明显，叫人一眼就看得出来。法老的后代固然没有退化成猴子，但如果他们真是兄弟姐妹婚配的产物，那总会有某种劣化现象。兔子的近亲交配也会导致劣化。这种劣化表现在：身体的毛发和虹膜中无法产生色素。失去色素的毛发会变成白色。要是虹膜里没有色素，体内的血管就会透过虹膜映出来，看上去便成了红眼睛。这种现象叫作"白化"。除此之外，白化的兔子还比较体弱多病。老鼠也有白化现象。

87.老鼠身上的孟德尔定律

老鼠。

　　如果有机会在笼子里养白老鼠或灰老鼠，你就可以用它们做个实验，它可以很直观地向你揭示性状遗传规律的本质；这些规律是由孟德尔[①]发现的。白老鼠不过是普通的灰老鼠的白化个体。它们在笼子里也很好繁殖，且生育力非常强。选一对性别不同的老鼠，其中一灰一白。把它们养在单独的笼子里，等它们生下后代。这一代的所有小老鼠都是灰色的。这个事实反映了孟德尔第一定律，也就是"显性定律"。根据这条定律，子代会从亲代中的一方不变地继承（完全继承）某种性状。这种性状叫作"显性性状"。亲代另一方的相应性状叫作"隐性性状"。在老鼠的例子里，显性性状是灰的毛色，隐性性状是白的毛色。子代不会长出什么灰白相间的花纹或介于灰白之间的毛色，而是货真价实的灰色皮毛。

　　人身上也有这样的"显性"性状，但我们对此还知之甚少。具体说来，黑发相对金发是显性性状，棕眼睛相对灰眼睛是显性性状，灰眼睛相对蓝眼睛是显性性状。假如父母中的一方是黑发，另一方是金发——不管哪方

[①] 格雷戈里·孟德尔（1822～1884），奥地利遗传学家，神父；通过豌豆实验发现了性状分离定律和独立分配定律，成为现代遗传学的奠基人。

黑发哪方金发，孩子就一定是黑发。假如父母中的一方是棕眼睛，另一方是灰眼睛或蓝眼睛，孩子便大多是棕眼睛。只有在父母的祖辈中有灰眼人的情况下，孩子才可能有灰眼睛。

等你的白老鼠和灰老鼠生下小灰老鼠之后，再等小老鼠长大点儿，然后把父母移出笼子，让小老鼠相互交配繁殖。母鼠生下的小老鼠中会有四分之一具有白毛，四分之三具有灰毛。这样看来，第二代中又会重新出现隐性性状，但只是在四分之一的后代身上。这种遗传方式被称为"分离定律"。在人类身上，像老鼠这种形式的分离定律是看不出来的，因为人的兄弟姐妹不相互通婚。不过，分离定律偶尔会以另一种形式体现出来：孩子有时并没有继承父母的性状，而是表现出了爷爷奶奶，甚至是太爷爷太奶奶的性状。孩子身上看不出来的隐性性状有时会突然出现在孙代或曾孙代中。

你还可以对老鼠做以下实验。选几只白老鼠，把它们放到单独的笼子里繁殖。它们的后代全是白老鼠，灰色消失得无影无踪，且这些后代已经生不出灰老鼠了。这就是所谓的"纯系"的白老鼠。要是你用前文提到的四分之三的灰老鼠来繁殖，结果又会是另一番样子。在这四分之三的灰老鼠中，只有四分之一会生下纯系的灰老鼠，也就是说，只有四分之一会生下全是灰色的后代；另外的四分之二生下的后代依然会按照分离定律继承毛色，也就是四分之一白，四分之三灰。这条规律可以用以下公式表示。设 С 为灰老鼠，Б 为白老鼠。I 表示所有后代，1/4 表示四分之一的后代，依此类推。得到的公式如下：

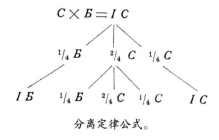

分离定律公式。

孟德尔是在植物身上发现遗传定律的；直到不久前人们才发现，这些定律在动物身上也会体现出来。至于为什么有的性状是显性，有的是隐性，这个我们还不太清楚。其中的缘故隐藏在性状自身的属性中。至于为什么四分之一的后代会重新出现隐性性状，只有四分之三是显性性状，这一点早就由孟德尔本人弄清楚了。为了说明这条规律，他提出了"配子纯度理论"①，在老鼠的例子中可以这样解释：当灰老鼠与白老鼠杂交时，所有的后代都是灰色，因为灰色是显性性状。但这些后代的细胞中同时存在决定灰色和决定白色的因子。这两种因子也同时存在于配子中，也就是雌性的卵子和雄性的精子里，但这种并存只能保持一段时间，等卵子和精子开始了所谓的"成熟"过程后，两种因子就分离了。简单来说，可以把分离理解为卵子和精子裂成了两半，其中一半含有一种因子，另一半含有另一种因子。成熟后的配子（卵子和精子）便成为纯净的配子，也就是说，每个配子里只有一种颜色的因子，有的是灰色，有的是白色。这样一来，母鼠体内便有两种卵子，一种含有灰色因子，另一种含有白色因子。同理，公鼠体内也有两种精子。为了简单起见，我们把它们分别叫作灰精子（卵子）和白精子（卵子）。在受精过程中，两种卵子与两种精子相遇的概率是完全相同的。这种相遇会产生什么样的组合呢？只能有以下四种组合：灰卵子＋灰精子，显然会发育成灰老鼠；灰卵子＋白精子，由于灰色是显性性状，也会发育成灰老鼠，白卵子＋灰精子同理，发育成灰老鼠；只有白卵子＋白精子会发育成白老鼠。合计四分之三灰，四分之一白②。

---

① 如今称为"独立分配定律"。
② 从现代角度看，这是等位基因分离组合的问题。但在本书写成的20世纪初，作者也只能限于比较粗略的解释。

88.怎么把母鸡变成公鸡，或把公鸡变成母鸡？

　　改变性征的方法最早是由维也纳学者斯坦纳赫①在老鼠身上发现的，后来这种方法又被俄罗斯学者扎瓦多夫斯基②用在公鸡和母鸡身上。你自己是实践不了这个方法的，因为只有懂得做外科手术，而且还是相当复杂的外科手术的人才能胜任。所以你只能简单了解下别人的做法及其结果。这种手术的本质在于摘除公鸡的性腺，也就是精巢，并给它移植母鸡的性腺，也就是卵巢。鸟类的性腺位于体腔深处的肾脏前方，要摘除性腺就难免波及肠道，所以并不是每台手术都能取得成功。要是给年轻的公鸡移植母鸡的卵巢，它就不会产生公鸡的特征，也长不出公鸡的羽毛、尾巴和鸡距③。它的外表变得和母鸡一模一样，行为也像母鸡，而不会像公鸡一样打鸣。要是给母鸡移植公鸡的精巢，它就会长出鸡距和鸡冠，脖子上会长出油光闪闪的羽毛，还会长出公鸡的大长尾巴；它开始喔喔直叫，跟其他公鸡打架，追着其他母鸡跑，简单说就是表现得像只真正的公鸡，甚至会去和母鸡踩背④。当然了，这样踩背不会有什么结果，因为只把公鸡性器官中的精巢移植给了它，却没有提供将精子排出体外的输精管。也许随着外科技术的完善，人们总有一天能把母鸡变成能为其他母鸡授精的真正的公鸡。斯坦纳赫将母鼠的卵巢移植到公鼠身上，令它发育出了乳腺。等母鼠生下幼鼠后，有只被改造的公鼠给幼鼠喂了奶，而且还很乐意地接受了这些幼鼠。

① 尤金·斯坦纳赫（1861～1944），奥地利生理学家，性科学的先驱。
② 米哈伊尔·米哈伊洛维奇·扎瓦多夫斯基（1895～1951），苏联生物学家。
③ 公鸡脚后跟上的爪子。
④ 原文用了个俗语词，指家禽交配。

89.怎么生下别人的孩子？

———

　　英国学者希普想了个巧妙的办法，让一只母兔生下了其他兔子的孩子。他想弄清楚：母体的血液会不会对子宫里发育的孩子产生什么影响。已知多数哺乳动物的胚胎都附在子宫壁上发育，与子宫壁紧密相连，使得母体的血液能向胚胎提供营养。连接胚胎与子宫的部位叫作"胎盘"。希普从比利时兔的子宫里取出两个刚开始发育的胚胎。确切地说是两个刚开始分裂的卵子。然后他把两个胚胎移植到怀孕的荷兰兔的子宫里。胚胎附在子宫壁上，形成了胎盘，怀孕过程正常进行。过了一段时间，荷兰兔生了几只小兔，其中有几只是它自己的孩子，还有两只无疑是别人的孩子，也就是由移植胚胎发育而来的小兔。希普的实验表明，母体的血液对胚胎没有任何影响。这两只小兔跟它们来源的比利时兔一模一样，却没有荷兰兔的半点特征，尽管它们是由荷兰兔生下来的。

90.怎么生下自己的外甥?

————

　　俄罗斯学者沃龙诺夫博士[1]通过以下方式解决了这个问题：他从一只母羊身上取出卵巢，再把它的亲姐妹的卵巢移植到它的身上。移植的卵巢长好后便开始发挥自己的功能，也就是产生卵子。过了一段时间，第一只羊生了只小羊羔。小羊羔是从第二只羊的卵巢的卵子发育来的，所以它并不是生下它的羊的亲儿子，而是提供卵巢的羊的亲儿子；由于两只母羊是亲姐妹，因此可以说，第一只羊生下了自己的外甥。

————————

[1]　萨穆伊尔·阿布拉莫维奇·沃龙诺夫（1866～1951），法籍俄裔医学家、外科手术专家。

91.由父亲生孩子的鱼

海马是一种很小的鱼类，体长约一寸，样子非常古怪：它的脑袋就像木马的头，上面还有头饰。雌海马的产卵数量非常少（就鱼类而言），一次只有 60 个左右，所以海马父母得采取某些措施来保护鱼卵，让它们顺利孵化。雄海马担负起了这个责任。它收集起雌海马产下的卵，放在自己肚子上一个特殊的口袋里。鱼卵在这个口袋里发育，而胚胎附在口袋的内壁上，所以它们能从父亲那儿稍微吸食点体液。这就形成了一个类似胎盘的地方，只不过不是在母亲体内，而是在父亲体内。等胚胎发育完全之后，这种联系便会被切断，小鱼从鱼卵里破壳而出，然后从袋子里钻出去。这样看来，海马不是由母亲生孩子，倒是由父亲生孩子的。

雄海马。Br—雄海马养育幼鱼的口袋。

92.复苏的心脏

————

　　动物或人死后，某些器官还能保持相当长时间的活性。肌肉特别是心肌的生命力尤其强烈。把冷血动物（比如青蛙）的心脏摘出来放在玻璃板上，它还能跳动一个小时左右。温血动物的心跳随着身体的死亡而终止，但这是由于心脏的氧气供应被切断了，而氧气无法供应又是由呼吸终止引起的。所有肌肉的运作都需要有氧气，肌肉和整个肌体一样都需要呼吸，也就是从血液中吸收氧气，并排放出二氧化碳。要是给死亡的动物的心脏供应氧气，它就能重新运作，也就是开始跳动。

　　这样的实验最早是在意大利进行的，实验对象是兔子的心脏。后来俄罗斯学者库利亚布科教授[①]对人的心脏做了这个实验。他取出 24 小时前刚死亡的孩子的心脏，再通入所谓的"生理盐水"。生理盐水是一种盐的含量与血液中盐的含量相当的水溶液。他把这种溶液加热到人体的温度，再为其供应氧气直至饱和。他用流过心脏的生理盐水代替了流过活人心脏的血液。过了一段时间，心脏开始跳动，它跳了约 15 分钟，然后跳动停止，心脏便死去了。不过，这个实验并未给心脏提供营养，否则它还能跳动更长的时间呢。

————

① 阿列克谢·亚历山德罗维奇·库利亚布科（1866 ～ 1930），俄罗斯生理学家、医学家。

93.死后的生命

——

　　前面说过，动物死后依然有某些器官能保持一段时间的活性。法国学者卡里埃尔做了一个实验。他从一只刚死的猫身上取下内脏——肺、心脏、胃和整条肠道，然后把这些内脏浸入加热到血液温度并饱和了氧气的生理盐水，并且让生理盐水不断流动，使得它能一直更新。不久之后，猫的内脏就复苏了。心脏开始跳动，肺变成了粉红色，肠道开始收缩，胃继续消化猫死前刚吃的食物，甚至连肠子都能排便。这种死后的生命持续了13个小时，最后才完全终结。

　　卡里埃尔又从活体动物身上切下一块非常小的结缔组织，把它浸入一种特殊的营养液，同样是加热到血液温度并饱和了氧气的。这块组织不仅继续"生存"，还开始吸收营养和生长。过了几个小时，组织上开始长出肉芽，肉芽越长越长，相互融合，使得这块组织不断变大。这就说明，这块脱离身体的组织重新恢复了新陈代谢。它的"生命"持续了一个月左右。

94.人为什么必有一死？

————

　　人必有一死，对此我们都习以为常了，所以没人会去思考其中的原因。为什么动物和人不可能永远地活下去呢？从科学的角度看，不可避免的死亡多少还是个谜团。动物和人的肌体可以看作一台能自我修复的机器。在人体中，组成身体的碳与空气中的氧气结合，导致持续不断的破坏或缓慢的燃烧过程，但这些被破坏的微粒也不断由食物得到更新。这样看来，身体中一直都在进行新陈代谢。旧的物质消失了，新的物质又补充上来。那问题就来了：为什么这种更新只能持续一段时间，而不能永远进行下去呢？学者们对此做出了不少回答，但其中最可靠的应该是下面的解答。

　　我们知道，变形虫之类的单细胞生物是靠分裂来繁殖的。分裂是指母体分成两个幼体，而原来的母体不留半点痕迹。从某种意义上说，这种动物是永生不死的，因为它们不会衰老而死。变形虫还没来得及衰老呢，就已经变成了两个年轻的变形虫，后者也会在衰老之前就发生分裂生殖。然而，法国动物学家莫帕观察到，如果分裂生殖持续了许多代，比如说300 ~ 500代吧，就会导致后代的劣化。这种劣化表现在：年轻的变形虫长不出某些纤毛，本身也停止了生长。这样一代一代劣化下去，变形虫变得越来越小，最后小得连分裂生殖都不行了。这就是劣化到极点了。于是这些劣化的变形虫开始相互结合，交换细胞核的一部分。一只变形虫的部分细胞核与另一只的细胞核融合在一起，后者的部分细胞核也进入前者的身体，与前者的细胞核融合。发生了一种类似相互受精的现象。等这个过程结束后，它们就会分开，这时就能观察到一个非常有趣的现象。这种相互受精仿佛令变形虫重获新生，所有的劣化迹象都消失了。变形虫又长出了纤毛，自身也开始生长，重新获得了分裂生殖的能力。但过了若干代后，它们又开始劣化了，之后又会进行相互受精，如此循环往复。

所以说，多细胞动物为何必有一死呢？莫帕的观察对这个问题提供了某些启示。我们的身体由不计其数的细胞组成，这些细胞与单细胞动物一样增殖。动物之所以会生长，并不是由于细胞本身在长，而是由于细胞的数量增加了，这又是由原有的细胞的增殖引起的。成年动物体内有的细胞死亡了，又有新的细胞长出来，所以细胞的增殖直到肌体死亡都不会停止。动物细胞和人体细胞与变形虫一样，也是靠分裂进行增殖——而且只能靠分裂，然而根据莫帕的观察结果，长期的分裂会导致细胞劣化。劣化表现为肌体不断衰弱，最后到了无法维持生命的地步，死亡便降临了。

现在还有一个问题：为什么变形虫的细胞只能进行有限次数的分裂生殖，而不能无限地分裂下去呢？问题可以这样回答：在分裂生殖时，细胞会半分成两半，所以子代细胞彼此相似，与母体也相似。组成细胞核的原生质是由大量微粒组成的，每个微粒在分裂时都要平分。然而，这种分裂没法像数学计算那么精确，也就是说，细胞能分成两半，但不是毫厘不差地分成两半：有的时候，某些微粒整个儿进入了一个幼体，却没有进入另一个幼体。这样一来，后者体内就发生了劣化的第一步。要是后来的分裂中又出现了类似的情况，就会发生劣化的第二步，如此劣化下去，最后细胞失去的微粒多到一定程度，就不能再继续分裂了；这个细胞彻底劣化了。变形虫可以靠相互受精来修复这种劣化。在受精时，一只变形虫把缺少的微粒提供给另一只变形虫，后者也为前者补充。结果，劣化的全部后果都被消除了。我们人体的细胞不能进行相互交换，所以劣化一发不可收拾，最后导致死亡。

95.为什么近亲结婚对后代有害？

——

　　莫帕还在变形虫身上做了个很有趣的观察。他发现，具有血缘关系的（也就是同一母体所生的）变形虫通常会相互回避，防止相互受精。假如这种情况还是发生了，这样的受精既无法恢复它们的生命力，也无法阻止它们的劣化。

　　根据上一节中阐述的理论，这个事实是很好理解的。事实上，如果变形虫缺失了某个部位，那么这个部位在它的子代中也会缺失，因此，如果两个子代交换了部分的细胞核，它们也不会获得双方都缺少的那个部分。这种理论对高等动物和人同样适用。同母所生的孩子可能具有相同的劣化特征，他们的配子也都携带着这种特征。这样看来，要是这两种配子相互结合，劣化的特征就会遗传给后代。如果近亲婚配持续了几代，起初不太明显的劣化就很可能会，而且也理应会清楚地表现出来。而在非近亲婚配中，一方配子的缺陷可以由另一方配子的对应部分得到补充。从这个角度看，我们可以把有性生殖看作对无性繁殖（分裂生殖）的不足之处进行的修正或补充。

96.动物所谓的"智慧"是怎么回事？

通过对家养动物的日常观察，我们难免会产生一种想法：动物也能表现出智慧，而且有时还是相当惊人的智慧。人人都知道，牛懂得自家在哪里，还会停在门口等人给它开门。而马或猎犬的智慧更是叫人给吹得天花乱坠。连被人捕猎的野鸟都能表现出惊人的聪明伶俐。经验丰富的猎人会告诉你，鸟类能把普通的牧人或渔夫同猎人区分得一清二楚。它们不怕牧人和渔夫，一看到猎人就躲得远远的，绝不进入他的射程。然而对动物心智的最新研究表明，这些看似很有智慧的行为其实多少都是出于无意识。在俄罗斯生理学家巴甫洛夫①的发起下，人们开始积极研究所谓的"反射"。我们把由刺激引起的各种无意识的肌体活动称为"反射"。假设有个人在睡觉，如果挠挠他的胳膊，他就会把手缩回去，尽管此时他的意识并不在运作。意识只能产生于大脑之中，因此如果把青蛙的脑袋切掉，它就不可能产生任何意识。尽管如此，如果捏一下这只无头青蛙的腿，它依然会把腿缩回去。反射的机制是这样的：任何刺激首先都会对感觉神经产生刺激。这种刺激沿着神经传到脊髓或大脑的神经细胞中。只要刺激一到达这些细胞，就会有指令从神经细胞沿着另一条神经（运动神经）出发，传到负责控制受刺激器官的运动的肌肉。这个指令一到达肌肉，肌肉就会收缩，于是人手或青蛙腿就缩了回去。这些发出指令的神经细胞或细胞群叫作"反射中枢"。每个反射都有自己的反射中枢。中枢可能在脊髓中，也可能在大

---

① 伊万·彼得罗维奇·巴甫洛夫（1849～1936），俄罗斯生理学家，因其对消化腺的研究而获得1904年诺贝尔生理学与医学奖。

脑里，但纯粹反射（也就是不会令动物产生任何感觉的反射）的中枢只有脊髓中才有。不过，反射也可能在大脑中发生。要是眼睛里进了点沙子，它就会刺激眼睛的感觉神经；刺激传到大脑，大脑便向泪腺发出流泪的指令，泪腺便分泌泪水冲洗掉眼中的异物。由于这些过程都没有意识的参与，所以我们应当认为分泌眼泪也是一种反射。给腺体传送指令的神经叫作"分泌神经"。这些指令的本质目前还不清楚，也就是说，我们还不知道是什么力量将刺激沿着感觉神经传到反射中枢，又把指令传送回来，但这股力量与电流有几分相似。这样一来，我们就可以把感觉神经、运动神经和分泌神经比作电话线，把反射中枢比作电话站或人们接听电话的机器。反射一般是有目的的，也就是要实现某种有益的目的。比如所谓的"防御性反射"是为了保护肌体免受不良影响。眼睛进沙子时会流泪就是这样的一种反射。不过，许多器官的运作可能伴随着一系列反射。例如消化器官的运作便是如此。如果人往嘴里放了食物，在消化中发挥着特定功能的唾液立刻就会在反射的作用下分泌出来。胃里的胃液、胰腺里的胰液等也都是通过反射分泌的。

巴甫洛夫教授及其学生以狗的唾液腺为对象，对反射现象做了很好的研究。为此，他切断了狗的唾液腺的一条管道，在脸颊上开个口把管道引出来。他在这个人工开口挂上一个小囊，让唾液流到里面去。要是给狗食物，它立刻就开始分泌唾液。这种反射叫作"非条件反射"，指的是它的发生是必然的、无条件的。这里的食物就会引起分泌唾液的需要，好让唾液能发挥其加工食物、准备消化的直接功能。这个反射是不可能有假的，也就是不会在毫无必要的情况下发生。但唾液也可以作为防御性反射而出现。要是往狗嘴里放几块干净的大石头，唾液并不会分泌，因为狗就算不靠唾液也能把石头吐出去。但要是往狗嘴里撒点沙子，就会分泌出很多唾液，而且这些唾液的性质与促进消化的唾液截然不同，呈多水的液态，没有黏液，明显只是为了从口腔的内表面上洗掉沙子。往狗嘴里倒点腐蚀性液体

（比如酸液）也会引起这种反射。多水的唾液可以稀释酸液，防止它对口腔黏膜造成腐蚀性伤害。

如果食物和酸液放在狗能看到的地方，这也会引起反射。要是远远地给狗看一块肉，它也会开始分泌唾液，就好像肉已经放到了嘴里似的。这种反射叫作"条件反射"，意思是说，它的积极意义不是无条件的，而是有条件的：这里的条件就是给狗看的肉块随后会放到它嘴里，否则反射就没有好处了。这种反射也可能由感觉器官的错误引起。如果给狗看一个和肉很像的物体（要是有肉味儿就更好了，但这个物体本身是不能吃的），狗的唾液腺也会开始分泌唾液。如果远远地把沙子、酸液等曾经引发防御性反射的物质拿给狗看，这也会引起相似的条件反射。条件反射是可能有假的。举例来说，往狗嘴里倒点用红墨水染色的酸液，就会引发非条件反射。过一段时间，再给同一条狗看同一种酸液，就会产生条件反射，令其开始分泌唾液，但这还不算是假的反射。假如还是给这条狗看用红墨水染色的水而不是酸液，唾液依然会开始分泌。这就成了假的反射。

有些手段可以令条件反射停止。最好的办法是转移狗的注意力，也就是把刺激的能量引到其他方面。如果给狗看一块面包，它立刻会开始分泌唾液，但只要把它眼前的面包换成另一条狗，唾液的分泌就立刻停止了。吃面包的狗的形象会引起另一种反射，也就是扑上去抢走面包的反射，分泌唾液的反射自然也就停止了。

我们可以借助人工方法，通过任何一种感官造成条件反射。举个例子，先给狗梳理一分钟皮毛，等时间要结束时再往它嘴里倒点酸液；到了后来，梳理毛发的行为就能引发唾液的分泌了。也可以通过听觉器官引发反射。往狗嘴里放点能让唾液分泌的东西，同时制造某种声音，后来这种声音不靠外物也能引发唾液分泌了。起初，不同音调的声音都能引发条件反射，甚至是与倒酸液时完全不同的音调。但如果在倒酸液实验中每次都重复相同的音调，这个音调就成了唯一能引发唾液分泌的音调，其他声音对唾液腺都不会有丝毫作用了。往狗的皮肤上贴一块冷或热的物体也能引发反射。总而言之，就没有哪种感觉是不能引发唾液分泌的条件反射的。

这些反射往往被我们当作动物的"智慧"。在我们看来，母鸡在地里刨来刨去找谷子吃，这是一种智慧。它似乎知道只要刨地就可能找到平时看不见的谷粒。其实它压根儿就没这么想。很久以前的某个时候，鸡的祖先纯粹是偶然地用爪子刨了刨松软的土地，结果发现能刨出谷子吃。这一下就形成了刨松软土地的反射。由于刨地行为大多是有益的，也就是能获得食物，这种反射便更加巩固，成为习惯，代代相传。今天的小鸡并没有类似的经验，但还是和大鸡一样具有相同的反射。这种习惯性的反射就变成了所谓的本能，也就是能让动物为了自身或种群的利益采取某种行动的各种无意识刺激。刨地的反射变成了鸡的本能。之所以说这的确是本能（无意识地刨地），是因为鸡在毫无必要的情况下也会刨地。往干净的地板上撒点谷子，鸡自然会开始啄食；但它已经完全习惯了刨地才能找到谷子，所以谷子本身就能引发刨地的条件反射，于是它开始在干净的地板上刨来刨去，这不仅是白费功夫，还会把谷子给弄散。

反射（特别是条件反射）在动物乃至人适应环境的过程中发挥着重要作用。如果某种被捕猎的动物通过经验确信，只要一听到枪声，就会有子弹或霰弹飞来取自己的性命，那么枪声就会引发它们惊恐的条件反射，并伴随着逃跑或飞走的行动。因此，被捕猎的鸟一听到枪声就会立刻采取逃命的措施。在极地国家经常能听到类似枪声的声音，比如冰块碎裂的声音，因此当地的动物并不害怕枪声，甚至可以说对枪声不屑一顾。在那里，"枪声"不会引起动物的逃跑行动，因为"枪声"后不会有子弹或霰弹飞来。鸟类通过反射学会了区分猎人与其他无害的人。例如，海鸥不会进入猎人的射程，而对渔夫却是丝毫不害怕。猎人的身影（主要是猎枪的样子）会引起鸟类的逃跑反射，而渔夫的外表不会引起这种反射——在狗的唾液实验中，只有一种特定音调的声音能引起唾液分泌的条件反射，其他声音却不行，这都是一个道理。这样看来，动物的许多行为被我们当作是智慧的表现，是审时度势的能力，实际上不过是条件反射的结果，也就是说，这些行为其实是完全无意识的。

97.自己身上的解剖与生理学：血管瓣膜

———

请垂下右手，等手腕顶端的血管充满血液。这些血管是浅蓝色的，所以不难看出是静脉血管。这样看来，血液从指尖出发，沿着这些血管往手臂上端，也就是朝着心脏的方向流。用左手的手指压住两根静脉交叉的地方（见图，图中用字母 A 标出了这个位置），再用另一根手指把血液从其中挤出去，往流动的方向挤。你会发现静脉变空了，但只是变空了一小段。稍高一点的位置充满了血液，而空洞与满盈之间的边界非常分明。这个边界上就是所谓的"瓣膜"（K），瓣膜只能朝一个方向开，也就是血液流动的方向。它能防止血液回流，所以瓣膜以下的静脉变空了。现在请拿开压住静脉的手指，你会发现空洞的部分立刻充满了血液。

多亏有了这些瓣膜，不论哪条静脉受到挤压，血液都只会往需要的方向，也就是心脏的方向流动。静脉也长在肌肉上或肌肉间，而肌肉在活动时会收缩并变粗，变粗的部分挤压静脉，推动血液，从而促进了血液循环。所以，各种体力劳动都能加速血液流动，而久坐的生活方式会使血液凝滞。

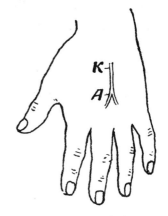

充满血液的鼓胀静脉。K—瓣膜的位置。

98.第三片眼皮

————

在镜子里看看自己的眼睛。你会发现，在朝向鼻子的眼角处有一处小小的褶皱，它是半月形的，因此得名"半月皱襞"。找只眯着眼睛坐在地上的猫，用手指轻轻拨开它的眼皮，会发现它的眼睛并不能自由移动，而是被一层半透明的褶皱覆盖着；这层褶皱就像一张帘子，从内眼角向外眼角拉开。这层褶皱就是第三片眼皮，又称"瞬膜"。瞬膜补充了两片普通眼皮的功能，也就是把眼睛盖得更严实。这第三片眼皮在生活在草丛或水草中的动物身上特别发达，因为它们的眼睛常常会遭到草茎的摩擦。我想，既然你已经知道了猫的第二片眼皮的位置，那么肯定也能自己猜到：人类的半月皱襞正是已失去作用的第三片眼皮的残余。应当认为，当人类的猿猴祖先还生活在树上时，它们的第三片眼皮依然是非常发达的。

99.鸡皮疙瘩

————

试着让一部分不常遇冷的皮肤暴露在寒冷环境下，皮肤上便会出现许多小疙瘩，让皮肤看起来就像是拔光毛的鸡皮①，所以这种小疙瘩叫作"鸡皮疙瘩"。不过，尽管所有人都知道"鸡皮疙瘩"，却不是每个人都了解它的成因。为了搞清楚这个原因，请你观察一下寒冷环境下的猫或狗，或者说它们觉得冷的时候有什么表现。它们浑身的毛都会竖起来。这是因为竖立的毛比平顺的更暖和，更准确地说是：竖立的毛能减少身体向周边环境的热辐射。这种毛发之所以更暖和，是因为它能留住更厚的空气层，而我们知道空气是热的不良导体。当然了，猫、狗竖毛的动作是完全无意识的；它们心里可不会想："哎，我还是把毛竖起来吧，要不就有点儿冷了。"毛是在寒冷的作用下自动地竖起来的。

人没有真正的皮毛，但还是在全身上下残留有少量的汗毛，只有手掌和脚掌除外。这些汗毛非常短又非常稀少，不管是竖起来还是平着放，它们都无法让身体保持温暖，但汗毛无疑是远古的真正皮毛的残余，所以竖毛的机制一直保留至今。每根毛都是斜斜地长在皮肤上的，所以动物的皮毛和人的汗毛都只能朝一个方向弄顺。每根毛的末端附近有一些肌肉，这些肌肉在寒冷的作用下会收缩，拉动毛的末端，让它竖立起来。此外，当毛与皮肤处于垂直状态时，它会拉动最靠近的那一小块皮肤，使得皮肤上出现小疙瘩。许多小疙瘩合在一起便成了"鸡皮疙瘩"的模样（见图）。

————
① 原文作"鹅皮"，因为汉语的"鸡皮疙瘩"在俄语中称为"鹅皮疙瘩"。

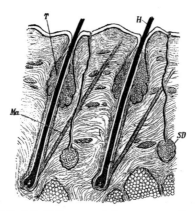

人类头部的皮肤截面。H—头发；T—油脂腺；SD—汗腺；Ma—拉动头发的肌肉。

竖毛的能力在动物的生活中还有另一个作用。是什么作用呢？只要看看猫狗相遇的情景就能猜出来了。猫把背弓得高高的，尽可能地伸直四肢，尾巴往上扬起，全身的毛都竖了起来。这样一来，它看着至少有真实体形的两倍大，也显得更吓人了。这是一种战斗技巧，旨在影响对手的心理。很少有狗敢立刻攻击竖毛的猫，而总会有点不知所措，猫便趁着它发呆的空当爬到树上或钻进篱笆去了。准备打架的狗也会竖毛。每只狗都想用庞大的体形来吓倒对手，而不管是什么打斗，吓倒了对手就有更大的机会去打败它。在这种情况下，竖毛也完全是无意识的行为。

从今天的角度看，人不管怎么竖毛都不可能吓倒别人，但在很久以前，当人的祖先还是浑身长毛的猿猴时，它们或许也会用类似的手段去影响对手的心理。之所以要这样想，是因为如今的人在害怕时也会"汗毛倒竖"，和狗的情况很像。不仅是头发，也包括全身的汗毛，而且皮肤上还会冒出"鸡皮疙瘩"。在这个过程中，竖立的汗毛会拉动皮肤，令人产生一种特殊的感觉，所以人们才说受惊时"好像有蚂蚁在身上爬过"。要想让人的头发竖起来，得有非常强烈的惊吓才行。当人以为自己见了鬼时，便常会出现这种情况。

100.达尔文结节

在镜子里照照自己的耳朵，或者看看别人的耳朵更好，你会在耳朵后缘的顶端下方发现一个小结子。有些人的结子要明显点，有些人的不太明显，也有些人的几乎看不出来。古希腊的雕塑上都表现出了这个结子；由此可见，当时的雕塑家就已经知道它的存在了。而科学界后来才开始关注这个结子，这从它的命名上就能看出来。为了纪念达尔文，人们把它叫作"达尔文结节"。之所以这样命名，是因为它形象地说明了达尔文关于人类起源于猿类的理论。人类的耳朵顶端是圆的。类人猿的耳朵也是如此，可低等猿猴的耳朵虽然整体上也跟人类的很像，其顶端却是尖的。现在请你想象一下：把这个尖端往下折，耳朵是不是就变圆了？下折的尖端正好变成了达尔文结节。

101."飞舞的苍蝇"

———

　　每个人都看到过模糊的阴影在眼前飞来飞去，特别是对着窗户看时更明显。这些阴影有点儿圆，长条形，通常有双重轮廓。假如你试着集中目力去看个仔细，它们反而从视野中消失了。在这种情况下，我们的眼睛就像一条绕着自己尾巴团团转的狗。这些阴影其实是落到视网膜上的各种脏东西的影子。这些脏东西可能在眼睛表面，比如说眼泪留下的污渍；也有可能在眼睛内部，也就是在填充着眼球内部的液体——所谓的"玻璃体"里。当动物临近老年，这些内部的脏东西会变得越来越大，看起来就像是在空气里飘来飘去的小黑点，如同飞舞的苍蝇。我们常常能看到老狗不停地想捉住想象出来的"苍蝇"。这些"苍蝇"正是眼里的脏东西的影子。

102.我们为什么要眨眼？

————

　　试试看忍住不眨眼。你会感到眼睛开始流泪，然后隐隐作痛，最后还是忍不住眨了眼；只要一眨眼，不舒服的感觉就都消失了。眨眼的重要意义在于：眼睛必须一直保持湿润，而湿润是靠眼泪来维持的。眼睛里只有一个地方能分泌眼泪，那就是上眼睑内靠近外眼角的泪腺开口。要是你忍着不眨眼，眼睛表面就会开始变干和翘曲。这种翘曲会引发疼痛的感觉。当你眨眼之后，上眼睑内分泌的眼泪被活动的眼睑抹开，眼睛便恢复了湿润。

103.呼吸中的二氧化碳

———

　　请你在药店里买点石灰水。医学上用石灰水来治疗烧伤和软骨病等一些疾病。这种水是由一定量的生石灰在蒸馏水里振荡制成的。在水的作用下，生石灰变成了熟石灰或水石灰，其化学式为 Ca（OH）$_2$。熟石灰的水溶性比较弱，但起码还是能溶于水，所以药店里卖的石灰水是清澈透明的。如果往里面通入二氧化碳，水石灰就会变成碳酸钙和水，其反应方程式如下：Ca（OH）$_2$ + CO$_2$ = CaCO$_3$ + H$_2$O。碳酸钙几乎不溶于水。你可以借助石灰的上述特性来观察自己体内的二氧化碳。往石灰水里插根管子，通过管子朝水里吹气。吹了 10 ~ 15 次后，你会发现水逐渐变浑了，小气泡底下还会产生沉淀。

104.为什么脑门撞到东西时会眼冒金星？

———

　　感觉器官的神经有个特点，那就是不管是受到什么样的刺激，都只能产生一种特定类型的感受。听觉神经在声波的刺激下，以及在受到电击或机械刺激时都能产生听觉。皮肤上有些神经末梢只能感觉到热并把它传给大脑，有些神经末梢只能传送冷的感觉。要是用电流刺激这些神经末梢，就只会产生热的感觉或冷的感觉。视觉神经的情况也是如此：不管受到什么样的刺激，都只会产生光的感觉。要是人的脑门撞到了墙，视觉神经便会受到强烈的刺激，从而产生"眼冒金星"的感觉。这个过程中产生的痛感并不是源自视觉神经的刺激，而是专门用来感受痛觉的其他神经。

105.猫眼当时钟

———

　　看看天气晴朗的正午时的猫眼，你会发现它的瞳孔缩成了一条极细的竖缝。过一个小时再看看它的眼睛，你会发现瞳孔变宽了点儿；再过一个小时，瞳孔变得更宽了；太阳落山时的瞳孔已经非常宽了，到了晚上则变成了一个大圆孔。你可以利用猫眼的这种性质来判断时间。这个猫眼时钟自然不是很精确，因为瞳孔的宽度不仅取决于时间，还会受其他因素的影响。要是天气不好、光照微弱，猫的瞳孔就会比好天气下同一时间的更宽。假如你已经习惯了在夏天用猫眼确定时间，那么到了冬天就得重新来过了。但只要有一定的技巧，用猫眼在好天气下看时间就能把误差控制在一小时左右，在坏天气下是两小时左右。

　　我们人眼的瞳孔也会根据光照调整大小。这种能力是对不同强度的光照的一种适应。瞳孔不过是虹膜上的一个小口，光线透过它进入眼睛。要是光照微弱，眼睛里就会变暗。为了让更多光线进入眼睛，瞳孔就会变宽。反过来说，要是光照变强，眼睛里照入了太多光线，而过多的光线会把眼睛晃花甚至刺痛。因此瞳孔在强烈的光照下会变窄。人类的眼睛只能在白天里适应不同程度的光照，而猫的瞳孔可以在非常大的光照范围内改变大小，所以猫白天晚上都能看得很清楚。猫头鹰的瞳孔无法收缩到白天能看清东西的程度，所以它们白天里视力很差，晚上却视力很好。

　　你可以自己验证下这种适应的意义究竟有多重大。从明亮的院子走进阴暗的地下室，你起初会觉得地下室里漆黑一片；眼睛根本分辨不出任何物体。在地下室里待个两三分钟，在此期间瞳孔变宽，你会发现那里并没有起初感觉的那么黑。眼睛开始能分辨物体了。相反，要是从阴暗的地下室直接走到阳光下，你的眼睛就会被刺得生疼；不过瞳孔很快就收缩了，眼睛也就不疼了。

106.为什么猫眼会发光？

——

　　许多动物都能发出荧光，海上发光的现象就是由这类动物引起的。但猫的眼睛其实并不能放出光。猫眼之所以会"发光"，是由于里面的虹膜起到了反射器的作用。虹膜就像路灯中的镜片，反射了进入眼睛的光线，因此在完全黑暗的环境中猫眼是不能发光的。如果把猫放在一个黑暗的房间里，而另一个房间有束灯光照到它的眼睛里，这时猫眼的发光现象便看得最清楚。